Urban Planning
& Landscape

Aesthetics of **Landscape** Architecture

景观美学

刘晓光 著

中国林业出版社

图书在版编目（CIP）数据

景观美学 / 刘晓光著. -- 北京：中国林业出版社, 2012.9（2019.4重印）
ISBN 978-7-5038-6173-4

Ⅰ. ①景… Ⅱ. ①刘… Ⅲ. ①建筑美学－景观美学 Ⅳ. ①TU-80

中国版本图书馆CIP数据核字(2011)第085300号

景观美学
AESTHETICS OF LANDSCAPE ARCHITECTURE

刘晓光　著

责任编辑: 吴卉

整体设计: 周周设计局

出　　版: 中国林业出版社

　　　　　　[100009 北京西城区德内大街刘海胡同 7 号]

E- mail: jiaocaipublic@163.com

电　话: 010-83224477

发　行: 中国林业出版社

印　刷: 北京雅昌艺术印刷有限公司

版　次: 2012年9月第1版

印　次: 2019年4月第2次

开　本: 787mm×1092mm 1/16

印　张: 16.5

字　数: 330千字

定　价: 39.80元

Contents │ 内容提要

景观如何设计才能有深度？才能有思想？才能有灵魂？

本书针对景观理论与创作中存在的诸多误区与问题，如"美"、"真"、"善"的混同；意义的轻率；形式美的局限；意境美的缺失；特别是意蕴美、深层审美结构、特征创作原则的空白等重大问题进行研究，提出了系统的景观美学理论与创作方法，主要包括以下内容：

求美与求真是景观创作与欣赏活动中深层次的精神需求，要求景观能够提供审美意蕴与认知意义，这是对审美性表征与认知性表征两种创作理论与方法展开研究的深层原因。

在求美领域，景观审美性表征是景观意蕴表现的重要方法，表现的是抽象的意蕴，属于审美范畴。优秀的景观作品具有形式美、意境美、意蕴美三种美感形态，是因为它具有表层、中层、深层三个层次的审美结构。景观表层审美结构是审美表象系统，表现为"格式塔"；其生成机制是主体感知觉的加工；其独立审美功能是创造形式美。景观中层审美结构是审美意象系统，由表层审美结构转换生成，表现为意境；其生成机制在于主体的"统觉"、"想象"、"情感"活动；其独立审美功能是创造意境美。景观深层审美结构是特征系统，由中层审美结构转换生成，表现为特征图式；其生成机制是人类心理的抽象与投射活动。意蕴美是景观审美性表征的终极目的，其审美机制是景观整体特征与主体心灵图式的同构契合。

景观审美性表征创作应该从创造意蕴美的角度出发，其基本原则应该是特征原则而不是传统的形式美原则；其创作程序与方法是依据相应原则逐层建构景观三层审美结构。

在求真领域，景观认知性表征是景观意义传达的重要方法，表达的是明确的意义，属于认知范畴。景观认知性表征的作品可以分为惯用型与创造型两类，相应的生成机制是约定俗成与语境约定；其传达机制是编码传递；其表征机制是指定性联系与类比性联系；意义题材包括宇宙题材、历史题材、宗教题材、道德题材等类型。

景观认知性表征的创作方法是：意义确定与组织、符号选择、中介确定与组织、载体设计等。

本书以景观审美性表征理论与认知性表征理论为基础，初步形成系统性的景观美学体系，可为景观理论研究提供新的视角与思路。在理论研究的基础上所提出的景观创作原则与方法，可为景观创作提供具体的实践操作途径。

注： 本书得到哈尔滨工业大学研究生主干课程建设项目资助

为什么景观设计缺少内涵？没有灵魂？如何才能使景观设计超越感官刺激而投予心灵以理想的光辉？景观实践中的种种现实问题，都等待着景观美学理论研究给予回答。

现代景观学科，对于人类社会和自然环境作出了巨大贡献，同时，社会实践也不断推动着景观学科的快速发展。但中国的景观理论研究工作距离学科体系的成熟、距离社会实践的需求还存在着明显的差距，体现在以下三个方面。

● 在景观领域，理论研究不足。在目前景观领域的研究成果中，设计方法、技术等实践性内容占有的份额较多，资料集、作品集层出不穷，拿来之风盛行，但只是局限于表面的形式与手法。缺乏足够的理论研究支撑，长此以往，必将难以实现持久良性发展。

● 在景观理论领域，美学研究不足。中国现代景观学科刚刚起步，还处于国外景观理论的引入消化期，有关景观规划与设计、景观教育、景观理论、景观管理等文献翻译工作刚刚开始。中国古典园林的优秀传统是中国现代景观学科发展的良好基础，传统园林理论处于蜕变转型期，正在进行重新的梳理、阐释与整合，以求适应现代景观发展的需要。相对而言，新的自主研究刚刚开始，成果还不够丰富。

生态问题是中国景观界目前最为关注的问题，具有极强的现实意义，正在受到广泛重视，但不能因此忽视了对于景观基本属性之一的美的研究。当今中国，不仅人的物质生存环境受到威胁，精神生存环境同样受到严重威胁。当前景观作品的粗劣肤浅、低俗泛滥，直接影响着人的精神生存状态。

景观美学，本书称之为景观精神生态学，未来也将更具有重要的人类生存价值。

● 在景观美学领域，研究深度不足。目前，景观美学研究存在两种倾向：一种是聚焦于景观表层的形式美，应用现代心理学研究，如格式塔心理学研究比较多，相对而言，成果也较为丰富。但把形式美研究当成了景观美学研究的唯一内容，则是一叶障目，不见深层。另一种是围绕传统的意境研究，较多地集中于对古典园林的探讨。应用古典文论、画论、造园论的描述性阐释较多，但应用现代文艺学、现代心理学、现代美学成果的解析性研究方法较少，缺乏创新性成果。这无疑对于继承传统精华、保持学科的历史积淀与传承、创造具有民族与地域特色的中国现代景观是不利的。

从研究层次上，目前的景观美学研究集中于现象层面较多，对景观的三层次审美结构、相应的三种美感形态、美感生成机制、结构递进关系研究不足，与其他艺术领域的美学研究相比远远落后。这是造成目前景观创作形式主义泛滥、作品缺乏内涵与品位的重要原因。

前言 | Preface

一、景观美学重要问题

当前在景观领域，由于理论研究的不足以及传统观念的束缚，对于"美"与"完满性"的关系，"美"与"真"、"善"的关系，以及形式美、意境美、意蕴美等美学核心范畴等问题尚存在着误解、困惑甚至空白，这是导致理论研究与景观设计实践中错误与混乱的重要原因，亟须景观美学研究给出理论解答。

1. 美与完满性

人们常常用"完美"、"美好"来描述事物整体结合的程度，也就导致常常把"完美"、"美好"中的"美"与审美中的"美"混同起来，因而带来很多困惑，其根本原因是把美与完满性错误地混同。

景观是人类实践活动的产物，承载着人类的三种实践活动形成主客观的三种关系，即：

求真。求真是人类把握实践规律的活动，如对景观生态系统内在规律的把握，因此景观与人建立了认识关系，属于科学活动领域。

求善。求善是人类实现目的的活动，如景观是否符合人的行为需求，由此景观与人建立了评价关系，属于伦理活动领域。

求美。求美是人类对外界客观感觉的表现活动，如景观是否给人以美的感受，由此景观与人建立了审美关系，属于艺术活动领域。

求真、求善、求美导致的科学、伦理、审美活动，起源于人类的共同实践，在原始人那里是统一的，只是随着社会分工才从物质生产中分化开来。这给人一种错觉，仿佛三者是独立无关的活动，实际上三者都是相互渗透、相互联系的。正所谓"在塔底分开，在塔尖会合"。

设计领域作为一个特殊的物质生产领域，无论是景观设计、建筑设计、城市设计，还是服装设计、工业产品设计，"真"、"善"、"美"从来没有、也无法分开。各设计行业都把"真"、"善"、"美"（狭义上即技术、功能、形式）作为整体评价体系的三个不可或缺的方面，用来整体评价设计作品的优劣。因而，人们往往采用的是"真"、"善"、"美"合一的标准，即康德所说的"完满性"概念来整体评价。

"完满性"与"真"、"善"、"美"的逻辑关系是"完满性"包含"真"、"善"、"美"；而"真"、"善"、"美"之间是并列关系，不是互含关系。任何

→ 包豪斯、哈佛大学把这些设计专业整合成大设计学科，设立设计学院，具有契合学科本质的科学性。中国设计水平较低，原因在于根本没有大设计学科的意识，各设计专业孤伶地在土木、美术、机械等学科艰难生存。

把"完满性"与其论域内的"美"（"真"或"善"）并列比较或者是混同，都是逻辑混乱的表现，因为二者是从属关系。"完满性"的评价应该用好坏、优劣等整体性标准，而不是美丑（美）、真伪（真）、善恶（善）等局部性标准。

由于目的不同，不同景观的功能倾向也不同，"完满性"的评价标准也有所差异。倾向于生态功能的，以"真"的标准评价成分要多一些，如生态林地、湿地景观；倾向于栖居功能的，以"善"的标准评价成分要多一些，如城市公园、广场；倾向于审美功能的，以"美"的标准评价成分要多一些，如私家园林。虽然"完满性"可以有不同倾向，但决不等于可以与"真"、"善"、"美"等同。

同样，把"真"、"善"、"美"的关系放在"美"的论域中讨论，同样是逻辑混乱，因为在"完满性"论域中，三者实质是并列关系，而非从属关系。

在"完满性"的论域内，"真"、"善"、"美"的评价是相互影响的，因为人们常常同时在用三种标准不断交替、时有混同地进行着评价。"一个人不能在很长时间内只保持审美态度。"❶ "这种纯粹的审美体验在建筑欣赏中几乎是不可能的，我们在观察一幢建筑时，随着注意力的游动，一会儿持实用态度，一会儿持审美态度。"❷

因而对于景观这种集"真"、"善"、"美"于一体的"特殊艺术"而言，人们常把"完满性"混同于"美"来评价有其必然性，但没有合理性。尽管"真"、"善"的评价影响着"美"的评价，不等于可以将它们混淆，尤其在理论研究中更应该严格区分，否则会由此导致其他观念上的误区，如"美"与"善"的混同，"美"与"真"的混同，形式美与意境美、意蕴美的混同等。这些误区直接导致了景观实践中的诸多问题，应该引起重视。

2. 美与真

美与真在完满性论域内是并列关系，二者的混同，是艺术领域最常见的错误。如把意义视为意蕴，把认知活动等同于审美活动等，此类混同屡见不鲜。

认知活动，只讲真伪，不论美丑。指示符号、图像符号、象征符号都属于认知范畴的内容。景观意义的传达与阐释，都是针对认知符号的内容而言，信息传达是否准确是其主要问题，而不在于符号形式的美丑。例如，罗斯福纪念园、朝战园传递的纪念意义都属于认知内容。

在反映论观念影响下，我国大众甚至一些专业工作者对艺术的态度都还是认知态度，而非审美态度。"看得懂不懂"、"是否表达什么意思"往往成为评价艺术

1 李泽厚. 李泽厚十年集[M] . 合肥: 安徽文艺出版社, 1994: 503
2 赵巍岩. 当代建筑美学意义[M] . 南京: 东南大学出版社, 2001: 172

的唯一标准，这种态度严重阻碍了艺术发展，也阻碍了人们的审美能力提高。有识之士对此提出了质疑。赵巍岩认为，"苏珊·桑塔格曾经提出过'反对解释'，主张用各种感官而不是释义去感受艺术品……当我们面对一幅绘画作品时，首先不是相信自己的感官直觉，而是发问：它是什么？这幅绘画作品的意思是什么？'什么'不是指作品内在的绘画语言本身，而是指作品的造型内容所指称的外部世界的意义。绘画作品往往被赋予外指的文字意义，却恰恰忽略了绘画艺术的根本的形式构成语言。"❸

"看上去是什么"表明人们在进行认知活动。认知活动属于真的范畴，重视的是符号内容的真伪，不论形式美丑。后现代主义批评现代主义把教堂建成了锅炉房、老年之家建成了棺材架，就是批评其信息传递出现了谬伪，有悖常理。

"看上去像什么"表明人们在进行审美活动。审美活动属于美的范畴，重视的是形式美丑，不论符号内容的真伪。如徐悲鸿的马，齐白石的虾，为了达到美的极致，马腿与虾足往往是有意省略一些的。在此，真让位于美。

审美活动中，形式内在地蕴含着某种意味，形式本身也就是内容，当然这种内容不是认知出来的，而是体验直觉出来的。如留园，如果去认知，只是一池三山的象征而已，但其深邃的意味却是在直观中感悟而难言的。所以，美学界广泛认同的是"美在形式"。"形式"是审美的唯一对象，是艺术的价值所在。

艺术，由于同时可以通过内容传递信息，通过形式表现美感，就容易造成美与真的混淆。但是，我们可以从其目的上进行区分。

以图与画的区别为例。图，包括景观效果图、施工图、设计草图等，都是为建造景观而传递设计信息的符号，也叫图示语言，注重的是图面信息的准确性，即真伪问题。画，特别是风景画，是为了表现风景优美、生活雅逸的感觉体验而作，美是第一位的。

摄影中的纪实摄影，尤其是新闻摄影，是以准确传递信息为根本目的，甚至可以为了真而与美、善对立，讲究绝对的客观性。而沙龙摄影，则以诗情画意为表现目的，讲究形式的美感。

美与真关系的讨论，不应该在审美范畴，而应该在整体评价的完满性范畴。例如，在理想风水环境中，人们得到的心理安全感、满足感，与人们在拙政园中得到的审美愉悦是不同的，不可混淆。总之，不能将功能好、技术好、生态性好本身认为是美，不能脱离形式谈美。美就在于形式。

真与美的区分，是本书的立论之本。

---

3 赵巍岩. 当代建筑美学意义[M]. 南京：东南大学出版社，2001：24

3. 美与善

景观的物质功能，如对行为需求的满足等目的性、功利性价值属于"善"的范畴。景观的审美功能则不同，满足的是人的情感需求、精神需求。审美功能的满足可以给人以身心的愉悦，但能给人带来身心愉悦的，不能都称之为美，还要考察身心愉悦的来源，到底是目的的满足，是客观规律的把握，还是形式的表现。

有人认为，当代美学应该打破"善"与"美"的二元对立，笔者不敢苟同。用"善"的标准来评价"美"，存在两种错误。第一种错误是先把"善"混同为完善、完美——即整合"真"、"善"、"美"的完满性，这是误解；然后再以完满性评价取代或者混同于审美评价，这也是误解。很多对于"技术美"的错误论述，本质上就在于把"善"与"完满性"相混淆。第二种错误是把应在完满性范畴内并列的"美"与"善"，放在"美"的范畴讨论。这些问题在本质上，都是逻辑关系的混淆。

技术美学把功能目的的形式称为"功能美"。"功能"给人带来身心愉悦，如果称为"功能愉悦"或"善的愉悦"是可以的，但因此就将功能体验本身带来的称为"功能美"，把"善的愉悦"偷换概念变成了"审美愉悦"，无疑是"审美泛化"。

至于"技术美"能否存在，不在于人们对技术的使用、认知过程感受的愉悦如何，而在于技术手段是否能够塑造出独特的形式，是否能满足审美心理需求，是否能给人以审美愉悦。说到底，美不在于技术、功能，而在于形式。

4. 美的层次结构

美包括形式美、意境美与意蕴美三种不同层次的类型。形式美是作用于人的感官的直接反映；意境美是统觉、情感与想象的产物；意蕴美则是人的心灵、情感、经验、体验的共同作用的结果。景观作为艺术的终极目的在于意蕴美。如日本园林中的樱花，终极目的不在其绚丽色彩，也非其所营造的凄美意境，而是生命无常的深层意味。

由于历史原因，国内的设计学科在美学教育方面一直存在两种局限：一种是前述的将认知活动与审美活动的混淆问题。另一种就是把对美的认识局限在形式美的层面，形式美占据了审美教育主流。最典型的就是三大构成课，仿佛形式美训练就是全部，这恰恰误导了学生与设计师的审美观念。结果就是，当今的许多设计作品，景观、建筑、工业产品，从形式美方面没有任何问题，甚至是极为出色，但是给人的感觉却是缺乏意味和内涵。偶然出现的优秀作品，大多是靠设计者的自身灵感和修养。对更深层次美的研究，目前只停留在那些搞理论的散兵游勇的书斋里，这是在设计教育亟待解决的问题。

如果只用形式美标准，就无法理解和评价东方园林的审美价值。例如威廉爵士只能说东方园林"美感突出但无秩序可言"。[4] 这说明，形式美只是一定层次的美，而非全部，这在其他艺术领域，以及西方当代景观教育、建筑教育中已成共识。因此，如果过分地强调形式美层面，就会阻碍景观设计向深层次的发展，玩弄形式只会舍本逐末，难以超越而流入形式主义。

产生上述景观问题的原因，主要在于景观美学理论与景观创作方法研究的缺失，表现在以下方面：

在景观表层形式美的创作方面，存在着缺少内涵、玩弄技巧、陈词滥调、流于形式、过分追求感官愉悦等问题。

在景观中层意境美的创作方面，存在着忽视意境美、意象设计程式化、有象无境、有境无蕴等问题。

在景观深层意蕴美的创作方面，存在着现代心理意识的多元化、个人化、暂时化、浅层化的变异倾向。在景观深层意蕴美的设计方面，缺乏足够的认识，对于深层审美结构的研究存在空白，对于特征原则的认识表现不足等问题。

在景观深层意义的创作方面，存在着景观意义的缺失、景观意义的品位低下、景观符号与表征方式的生疏、景观载体的形式品位低下等问题。

这些误区严重影响着当代景观创作、审美与教育，急需理论研究工作者从不同视角、不同层面积极推进，这也是本书写作的初衷。

二、关于本书

1. 关于理论

本书研讨的是设计学科与艺术学科共通的美学理论问题，具有普适性，只不过用景观（本书为广义景观）为例来阐释。或许称为景观艺术学更为恰当，但考虑到读者对于美学的概念接受程度更高，暂且用景观美学一词。本书研讨的也只是大体的理论框架，还有许多问题留待后续研究解决，故以导论视之更为适合。

2. 关于方法

本书观点很明确，对于实践性学科，如景观、建筑、工业设计等，应该理法合一、史论合一。理论要以实践为基础、为核心、为目标。如何应用理论指导景观创

---

4 吴家骅. 景观形态学[M]. 北京：中国建筑工业出版社，1999：189

作，是本书的起点与终点。所以本书的研究都是基于表征创作视角，可以认为是一本关于表征理论的设计美学导论；相应提出的表征论设计方法，或许尚显粗率，但略可标明思想指向。

3. 关于内容

在种种审美误区中，"美"与"真"的混同是最主要的。为了更清晰地表述作者的观点，本书写作分为上下两篇，即唯真篇与唯美篇。

上篇，唯真篇——景观认知。

主要论述认知活动的内在机制，以景观意义传达理论与方法为主要内容，重点阐述表征类型、意义生成机制、意义传达机制、意义表征机制、意义题材、创作程序、创作方法。求真无美，不涉及审美问题。

下篇，唯美篇——景观审美。

主要论述审美活动的内在机制，以景观审美表现理论与方法为主要内容。重点阐述三个层次的审美结构及形式美、意境美、意蕴美的生成机制；创作的基本原则、创作程序与方法。求美无真，不涉及认知问题。

4. 关于接受

在景观创作与欣赏中，求美（审美活动）比起求真（认知活动）实际上更为重要，对其的误解也最多，从编排顺序角度，本应先行重点阐述。但考虑到中国读者对于求真活动更容易理解，所以本书从接受的角度出发，先探讨求真，然后探讨求美，由浅入深，由易到难，运用比较法进行阐释。

同时，本书出于对学术研究表述直简的需要，专业术语可能让有些读者难以理解。对此，本书考虑做成图文双序，即文字、图片都可自成序列，单独读图也可以理解，这样争取浅白易解，应用便捷。

5. 关于用途

本书初步研讨的以景观审美性表征理论与认知性表征理论为基础的表征论景观美学体系，可为美学理论研究者提供新的视角与思路；所提出的景观创作原则与方法，可为景观、城市、建筑等领域设计师提供具体的实践操作途径。

Contents　目录

目录　Contents

Contents　目录

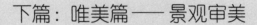

下篇：唯美篇——景观审美

第4章 形式美与景观表层审美结构

4.1 景观形式美与审美机制 / 098

4.2 表层审美结构的系统构成 / 103

4.3 表层审美结构的生成机制 / 108

第5章 意境美与景观中层审美结构

5.1 景观意境美与审美机制 / 114

目录　Contents

第6章 意蕴美与景观深层审美结构

Contents 目录

余论

上 篇：唯真篇——景观认知

　　真与美之分别，乃景观美学的重要问题，是本书学术观点之重心所在，故以唯真篇与唯美篇分别明示。

　　唯真篇，唯真无美。探讨的是意义认知问题，不涉及美的问题，因为意义认知只涉及信息之真伪。不论形式美丑，故谓之唯真。

　　唯美篇，唯美无真。探讨的是审美表现问题，不涉及真的问题，因为审美表现只涉及形式之美丑。不论信息真伪，故谓之唯美。

认知唯真 / 詹克斯花园

景观美学

AESTHETICS OF LANDSCAPE ARCHITECTURE

第❶章

景观认知的机制与题材

01

1.1 景观意义与传达模式

　　景观是文化的载体，是历史的见证，人们不仅有在景观中创造意义、表达意义的需求，也有追寻景观意义，求得认同、归属、体验的愿望。我们研究景观中的认知活动问题，主要原因在于：景观中的意义具有极为重要的价值，而认知性表征是景观意义传达的重要方法。

　　在景观中，存在着大量的意义现象。如：在新石器时代（公元前8000年），上天神灵的观念就已经渗入了人们的心灵，石构的纪念性景观对此作了最原始、最纯朴的表达（图1-1）。随着生产力发展，苏美尔人的乌尔神塔（观象台）、埃及方尖碑在形式上的表达也愈加强化，以象征对神灵的敬拜。

　　中国园林更是寄情宿意之处，一池三山的神居理想的意义表达沉积为几千年的基本模式，对隐逸文化的追求也体现在网师园"渔隐"的主题环境中（图1-2）。

　　萧何曾对刘邦讲"天子非壮丽无以重威"，点出了景观之政治意义，以至于

图1-1 **塔祭神灵** /
墨西哥金字塔

图1-2 **渔隐追求** / 网师园

图1-3 **壮丽重威** / 城市广场

图1-4 **科技崇拜** / 哈特广场

图1-5 **历史追问** / 帕提农神庙

图1-6 **意义探寻** / 南普陀寺

超大广场至今仍被追崇（图1-3）。现代社会对高科技的崇拜也成了哈特广场的意义表达对象（图1-4）。而雅典卫城、南普陀寺则把访客带回历史，体味积淀的丰富意义。总之，景观需要提供深层的意义供人们探寻（图1-5、图1-6）。

1.1.1 景观意义的概念与价值

意义是一个内涵丰富、外延宽泛的概念，通常是指"语言文字或其他信号所表示的内容"。[1]从释义学的角度考察，意义体现了人与社会、自然、他人、自己的种种复杂交错的文化关系、历史关系、心理关系和时间关系。意义的探寻与阐释是人类的本性需求，它实际上是人类认识自己、认识世界活动的最主要方面，因而是人类最基本的活动之一。[2]

从人类学角度考察，"意义是人类的一项特征，人生活在一个充满意义的世界中，思想乃是追求'意义'的活动，人文活动的目的也在于把自身延伸至各种有意义、有连贯性的活动层面上去，并对未知的意义世界采取某种立场、某种认知的架构。"[3]

人是意义的探求者，意义对人的存在具有重要价值。鲁洁阐释说："意义世界对于人来说是不可或缺的。意义的追寻在人来说就是对现实存在的一种反思，通过这种反思，使自在存在的现实生活进入人之自觉视域，使人由自在走向自为。意义之追寻也是一种超越，人们追寻现实存在的意义就是意味着对现实的、既定性意味之追寻，是对现实的、既定性之外的存在之境的追寻，也是对现实规定性的突破。为此，意义的追寻必须超越现实存在的指向，它构成人的生活目的与理想，使人趋于完美。归根到底，意义的追寻使人回归于他的真实存在，人正是在意义追寻中不断超越现实的规定，走向自由的本质。"[4]

拉普普特的研究表明，人们是以获得的环境的意义来对环境做出反应的。"意义不是脱离功能的东西，而其本身是功能的一个最重要的方面。""当考虑到功能的潜在方面时，很快就能认识到意义是理解环境如何起作用的中心。"[5]C·N·舒尔茨也指出："人的成长就是逐渐意识到存在的含义，因为对含义的体验成了人的基本需要"。[6]可以说，人类只有通过对意义的感知和把握才

1 中国社会科学院语言研究所词典编辑室编. 现代汉语词典[M]. 北京：商务印书馆，1989：1367

2 张汝伦. 当代西方释义学[M]. 沈阳：辽宁人民出版社，1986：127

3 王鸿明. 中国建筑与空间之符点意义[M]. 台北：文明书局，民国76：150

4 鲁洁. 一个值得反思的教育信条：塑造知识人[J]. 新华文摘，2004(16)：103

5 阿摩斯·拉普普特. 建成环境的意义[M]. 北京：中国建筑工业出版社，2003. 4

6 王迪. 意义、象征：建筑形态活的灵魂[D]. 天津大学硕士论文. 1993：2

能够与自然中其他物种区别开来，也才能从自然产物升华为社会主体。人类的文化实践，当然也包括景观，就是一种寻求意义、创造意义、传达意义的开拓人的意义世界的过程。

　　景观活动是人类活动的一部分，意义的探求与创造同样也是景观活动中的主要内容与基本需求。因而，赋予景观以意义是景观设计中的重要课题。

1.1.2. 认知性表征与景观意义传达

　　人们需要以景观表达、承载自己的思想，也需要在景观中蕴藏深意以供探求，而认知性表征是意义传达的重要方法。

　　景观认知性表征，就是以景观符号为中介，以满足作者的意义传达与读者的认知需求的意义表征方式。与其对应的是审美性表征，就是以景观形式为中介、以满足作者的意蕴表现与读者的审美需求的意蕴表征方式。

1.1.2.1 符号的作用

　　意义的传达有多种方式，其中最主要的方式就是符号。符号是人类的劳动成果、表达手段与生存技能，"正是通过符号化，人类才变得能够超越个人的环境，并过上一种社会的、有目的的生活。"[7] 同时，对于意义的认知活动，还能够给人带来认知快感。"首先，符号的抽象性使寄寓的物象，提升到抽象的高度，使欣赏者面对具体形象而获得一种广阔感，正如康定斯基所说，抽象艺术更广阔、更自由、更富内容；其次，符号的通用性使广大欣赏者获得了产生同步效应的认知契机，因而产生了一种社会认同感；再次，符号的跳跃性使欣赏者享受了由此及彼、由表及里的想象、思考、联结的自由，发挥了认知能动性；最后，符号的简约性开拓了以少胜多、以虚带实、以形带意的创造功能和欣赏功能，从更深刻的意义上调动了欣赏者的认知主动性。"[8]

1.1.2.2 符号的类型

　　皮尔斯（Charles Sander's Peirce）把符号分为三类：指示符号（index）、图像符号（icon）与象征符号（symbol）。

7 刘先觉. 现代建筑理论[M]. 北京：中国建筑工业出版社，1999：63
8 张建洪. 创造象征[D]. 同济大学硕士论文. 1993：36

指示符号（index）与所代表的意义之间有必然的因果关系，因而可以让人了解其所代表的意义，属于本义符号。如：风向标表示风向，建筑的窗户表示视野，景观中的大门表示入口。指示符号的新增意义可以随时间推移而被读者所掌握，并积淀为某种固定的意义，因而可以演变为象征符号。如鸟居从指示性的门演变为日本文化的象征（图1-7）。

图像符号（icon）与其指代的意义间存在"形象相似"的特性，从而使人"望符知意"，这也是一种本义符号。如城市地图指代一个城市；照片指代某个人；景观中的人物雕塑，如拉什莫尔峰国家纪念像代表所表现的人物等（图1-8）。所以，图像符号就是一种图示。

指示符号与图像符号都属于本义符号，即符号与指示意义间存在某种必然联系或相似联系。

象征符号（symbol）则与前两者不同，符号与意义间不必有必然的内在联系，而依靠约定俗成或语境约定使符号与意义间建立关联，呈现出随机性、恣意性、多解性联系。例如，在中国传统园林中，扇形图案象征"善"。象征符号缺少了本义必然性的约束，故而可以表征符号本义之外的多层次、多种意义，因此有人认为："象征即意义大于其自身。"相对其他符号而言，象征符号具有较大的灵活性和适用性，因而受到广泛关注和普遍使用，如世界各地的图腾符号（图1-9）。

从符号特性的角度分析，三种符号存在着不同程度的区别。"图像符号与指示符号具有相似之处。在它们的能指与所指中，即形式与内容的关系上存在着内在关系，或形似内容，或形即内容。而象征符号则不同，它的形式和内容可以说是分离的、任意的。因此可以这么理解：前者的形式及内容的体现，反映了原有事物的实质，可以说是恒定的；而后者的建立则更多地受到外界多种因素的影响，反映了一种世俗观念，在这层意义上，它呈多变性。"❾

从应用性的角度分析，指示符号与图像符号由于是本义符号，因而与自身指

图1-7 **指示符号** /
鸟居

图1-8 **图像符号** /
国家纪念像

图1-9 **象征符号** /
纳西图腾符号

9 刘先觉. 现代建筑理论[M]. 北京：中国建筑工业出版社，1999：95

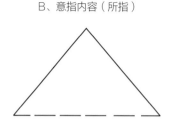

B、意指内容（所指）

A、符号（能指）　　　C、被指对象

图1- 10 **复合符号** /
德方斯拱门

图1- 11 **语义三角形**

代的事物有一对一的单义关系，直接而明了；而象征符号则不局限于自身本义，故呈现一对多的复义关系，表意间接而曲婉。查尔斯·詹克斯在《建筑符号》一文中评价说："……一个多价的建筑和一件多价艺术品（如《哈姆雷特》）一样，具有占据我们思想和开阔我们对新意义的想象力，这就是催化性、刺激性和创造性的能力，而一个单价的建筑则是还原性的、单调迟钝的。" ❿

　　由此可看出，象征符号能够带来比其他两种符号更多的意义阐释活动，具有更丰富的作用。

　　符号的三种分类并非绝对，一是指示符号、图像符号可以随时间向象征符号转化、演变；二是大部分景观符号都是复合的，同时是指示符号、图像符号与象征符号，而以其中一种倾向为主。例如，德方斯拱门（图1-10），作为指示符号，它指示着门的功能；作为图像符号意味着门的形象；作为象征符号，表达着城市轴线的延续与发展。

　　景观作为人类文化的一种集中体现，其所承载的意义从广度到深度上都远不止于景观本义自身。在这三类符号中，不受本义约束的象征符号就是景观表征意义的理想方式，表义方式灵活、内容广泛、雅俗共赏，因而得到广泛应用。

　　景观中的象征符号在某些情况下存在着符号学上的特殊性。景观象征符号属于实体性符号（现实实物作为符号），而非语言学的虚体符号（语象作为符号）。在语义学三角形 ⓫ （即符号学三角形）中（图1-11），景观符号作为能指，其所指B为其象征意义，在某些情况下，其被指的对象C则为其自身，此时，可以省略C。

　　以"松"为例，在语言学中，它作为语言符号A，其被指对象C为景观中的实体松树；而其所指B则象征"万古长青"。

　　而在景观认知体系中，实体符号A——松，则与其所指代的对象C是一体，A与C复合，共同指向B的意义。

10 G·勃罗德彭特等. 符号·象征与建筑[M]. 北京：中国建筑工业出版社，1991：85
11 G·勃罗德彭特等. 符号·象征与建筑[M]. 北京：中国建筑工业出版社，1991：373

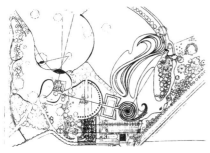

从语言学、符号学角度分析，我们可以看到，用象征符号进行意义表征是一种能够较为充分、自由地表征不同层次、不同范围的意义的有效方式。从应用状况看，这种表征方式历史悠久、广为认同、效果显著。如吉迪翁所说："每个时期都会产生创造纪念碑式的符号的激情，而纪念性恰恰来源于人类创造各种符号以象征他们的活动、命运、宗教信仰和社会信仰等意义的永恒要求。"⑫ 象征符号作为最有效的表征意义的一种手段，有着人类学的基础。舒尔茨通过对历史建筑和人类聚居环境的深入研究后指出，任何个人都生活于一定的意义系统中，而他正是通过一定的象征形式来对意义进行认识的。

矶崎新说，建筑是产生意义的机器。推而广之，也可以说，景观是产生意义的机器。例如，詹克斯花园（图1-12~图1-14），采用有机的曲线、波动的地形、对称的断裂平台、双螺旋体的山丘、曲桥、DNA图谱线型的种植、双螺旋体的雕塑等，一系列由大到小的景观元素与结构，全面地表达跃动式的宇宙观。

认知性表征就是运用符号进行的意义传达活动。在三种符号中，象征符号由于自身诸多优势而应用最为广泛，是景观认知性表征中的主导性符号，本书研讨的重点就是这种象征符号。

图1- 12 **追随宇宙**／詹克斯花园

图1- 13 **折曲形式**／詹克斯花园

图1- 14 **跃动姿态**／詹克斯花园

1.1.3　景观认知性表征的表意层次

在景观中，认知性表征通常包含两个层次：象形层次与意义层次。

1.1.3.1　象形层次

象形是景观形象对某一个具体形象的模仿，如动物或植物，只是停留在形式的类比，往往不涉及形式背后的内涵意义。严格地说，还不能属于表意层次，称

12 王迪. 意义、象征：建筑形态活的灵魂. 天津大学硕士论文. 1993：2

之为象形、拟仿、拟形似乎更为恰当。也可以认为它是一种图像符号，但是因为人们习惯上也把它们认为是一种表征方式，所以我们也把它归为特殊类型的认知性表征。

象形层次，只是表达（或曰拟仿）具体形象，不涉及更多的意义，传达的信息有限，故而显得较为浅白，不耐琢磨。但通俗易懂，倒也喜闻乐见。在景观设计中，常用绿雕来象形。

象形层次如果要上升为意义层次，其实也不难，只要所选的形象本身具有一定的内涵，即选取的是象征符号，并通过冗余信息构成意境，能使人向这种内涵方向进行联想，就可以跨过象形层次而进入意义层次。

还有一种情况是，象形的景观形象不为传达意义，而是为创造某种意象，对此，我们将在5.2.2"基本单位"——"审美意象"一文中具体论述。

1.1.3.2 意义层次

表意通常是指景观表征的是形象背后的内涵意义，而不是对具体形象的模仿。该层次的表达重点是形式背后的内涵意义。

景观表征的意义一般有两种。一种是景观的本体意义，是指与景观元素的识别、使用、技术直接相关的意义，如门所表达的通过、进入、私密等意义，这也就是指示性、图像符号所表达的内容。另一种是指我们要重点讨论的非本体性的深层意义，如地位、权力、观念、信仰，也就是象征符号所表达的内容。如故宫轴线所表达的王权观念（图1–15）。

大多数的景观表征中，形象与意义之间的联系是由读者的联想形成的，这种联

图1- 15 **意义深藏** /
北京故宫

想需要有一个象征符号作为中介，这个象征符号与景观形象、景观意义之间都有可以类比之处，从而引发类比联想，构成表征关系。

这个象征符号必须是一种有内涵的形象，即象征符号自身由两部分构成：符号形象与符号内涵，符号形象要能与景观形象相关联，而符号内涵又要能与要表征的意义相关联。即：景观形象——符号形象——符号内涵——象征意义，我们将在第3章详细论述。

景观意义可以细分为两个层次：表层意义与深层意义。

（1）表层意义。表层意义是指符号形象所引出符号的自身内涵。这层意义直接与符号形象相关，是这种符号形象的属性或者是特征，例如，狮子林、金山与"江南水乡"的意义相关联，这种形象的关联意义由于比较明确、直接，比较容易感知，所以属于表层意义。

表层意义已经透过象形层次而进入意义层次，并不一定很深奥、复杂，但是已经是严格意义上的表达内容。其特点是既能深入到表意层次，又不太曲折难解。

（2）深层意义。深层意义是指由表层意义所引发出的更深一层的意义，比表层意义更加深刻、抽象、曲折、复杂、丰富，必须经过表层意义的引领、过渡才能触及，仅有符号形象很难表现。

一般而言，深层意义是表层意义的上层抽象属性范畴，而表层意义是这个范畴中的一个具体特例，其作用就是以点带面，由具体到抽象，由典型到普遍，引出其背后的深层意义。

以避暑山庄为例，其表层意义为"江南塞北集于一园"，在皇家园林这一语境下，可以抽象提升为"天下一统"、"率土之滨莫非王土"等深层象征意义。"江南塞北"是"天下"的一部分、一个结构缩影，所以能产生相关的联系。

在创作中，景观形象要能表现出符号形象，符号形象要能引发出恰当的符号内涵，符号内涵要能恰当地引导到象征意义。问题的关键是做好符号的选择与语境的指引。

1.1.4 景观意义的传达模式

认知性表征，是景观意义的创造与欣赏活动，是一种通过符号传达意义的活动，依靠的是编码传递机制。这种公认的编码传递模式是从电话工程领域那里发展而来的，可以区分出信息传达过程中的各个组成部分，能较好地阐释各领域的有关信息传达的方式，因而为各专业人员所普遍应用，模式如图1-16所示。

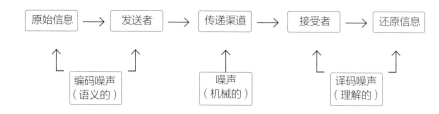

图1- 16 编码传递模式

景观认知性表征中的信息传达可以对应如下：

原始信息——景观意义（景观设计师要表达的意义）

发送者——作者（景观设计师）

传递渠道——文本（景观）

接受者——读者（景观接受者）

还原信息——阐释意义（景观使用者所阐释的意义）

在理想的静态模式中，景观意义（原始信息）经由景观作者（发送者）的编码设计，形成景观文本（传递渠道），经过景观读者（接受者）的阐释（解码），还原为本来的意义（还原信息）。

下面我们将对这个模式中的两个重要环节——景观意义与作者进行分析。

1.1.4.1 景观意义

景观意义，即景观的原始信息，是指景观设计师要表达的意义。这些意义的具体内容丰富多彩，难以胜数。归纳起来主要有宇宙题材、吉祥题材、政治题材、时间题材、灵魂与精神题材等类型。其主要题材将在1.3节"景观认知性表征的意义题材"展开讨论。

景观首先要有表达的意义存在，然后再涉及具体的景观设计与作品。如果先有景观设计再附以或贴合意义，则是本末倒置，必然牵强附会。

在传达过程中，有三种信息干扰（噪声）存在：

（1）作者在将意义转化为符号时的表达方法上的失误（或有意如此）造成的；

（2）景观文本本身的改动（人为、时间、自然力等）造成的；

（3）读者的曲解、误解、多解、不解造成的（也许是作者有意创造这种可能）。

在早期社会中，符号意义、编码、译码方式都是有一定之规，设计者与使用者在相对稳定的社会文化背景中，都遵从相同的约定，因而出现信息干扰的机会较少，信息的传送相对而言是直接无损的，属于静态传输模式。

但是在绝大多数（尤其是现代社会）情况下，这种理想状态极少见。一般都存在干扰，呈现为动态传输模式。有时这些干扰并不都是负面的，有许多是作者有意为之，或为要表现的内容（如表现自然演变）或为达到歧义、多义的目的，如米尔溪景观工程是对季节自然变换的表达（图1–17）。

图1- 17 **信息变换** /
米尔溪景观
工程

1.1.4.2 景观作者

作者是景观创作中的主导因素，决定着景观意义的确定与符号编码方式，也决定着景观文本的生成。在这个因素中，问题集中在以下主要方面：

（1）创作观念。

第一，对于创造景观意义的观念。在很多景观作品中，可以看到意义缺失的情况。景观美而无意，只能满足耳目愉悦，却满足不了人们在景观中对意义探求的需要。原因很多，从作者的角度分析，有如下几种可能：

① 基于极简主义而有意避开意义的倾向；

② 从语构学角度倾心于符号结构自身的游戏而无心于意义的创造；

③ 现代主义将功能技术凌驾意义之上（查尔斯·詹克斯称之为单一的形式主义者和粗心大意的象征主义者）；

④ 不知道意义的价值，也不知该如何表达；

⑤ 知道意义的价值，但不知该如何表达。

前三种基本属于观念或态度问题，后两种属于技术问题。技术问题可以通过学习训练来解决，观念问题就只能取决于作者的个人主观意愿。

景观意义的存在价值，部分在于满足作者对意义表达的愿望，更多的则在于满足读者大众体认意义的愿望，有社会责任的景观设计师，应该为大众的意义需求创造条件，而不仅仅把景观作为个人作品。

第二，对于景观意义的个人性与公共性的观念。景观都涉及表征的公众性与个人性问题，这是指作品所触及的内容是公众关心的、理解的内容；还是个人关心的、理解的内容或兼而有之。

惯用型符号一般表达的都是特定文化圈内的特定意义，为公众所知所想，属于公众性的。创造型符号中，出现个人化的内容，表达作者个人的思想，如筑波中心表达的矶崎新的"虚无"历史观与"无助"的人生观。或作品完全是个人的自言自语，例如施瓦茨的面包圈花园，他人很难理解作者的自我主张。

这就牵扯到作者的设计观念问题。矶崎新极强调个人意识，强调自我存在的极限。而美国哲学家乔治·桑塔耶纳则认为："当创作天才忽视了大众的兴趣，他就很难创作出具有广泛深远影响的作品。想象需要根植在历史、传统和人类的基本信念中，否则它只是漫无边际地生长而不会产生什么影响，就跟那些微不足道的旋律一样，很快就过时了。"[13]

埃科认为对于个人与公众问题，设计师有三种态度：第一种，设计师完全结合社会公众系统，满足社会需求，使用公认的设计符号；第二种，"先锋派"的逆反态度，创造出与现有社会模式无关的生活方式，完全使用自创的私人符号（结果是被社会拒绝）；第三种，在呼应现实与社会需求的基础上，发展新的形式以预示社会发展的新意义或提供给人们尚未想到的东西。在能够与社会基本符号相联系，以及能为大众所理解的基础上，发展新的符号系统。[14]

这三种状况在现实生活中都存在，都有存在的理由。有些艺术作品的超前性是有价值的，侯翰如说："它提供的并不是满足你现有的欲望，或者现有的理解能力，而是为了提出一些问题，给你一些可能性去思考自己。"[15]但真正能够推动社会稳步前行的应该是第三种态度，既考虑到象征的公众性，又不抹杀个性。如哈普林创作的爱悦广场（图6-28）。这种态度下的作品才能经得住社会与时间、大众与专业者的考验。

（2）创作技术。在景观认知性表征创作中，还需要有操作层面的技术。具体操作技术可能是千变万化的，从作者个人能力因素的角度，在此着重强调以下几个方面的问题：

① 对符号词汇的掌握。对符号及其意义来源、组织形式、语法结构、应用语

13 卡尔·斯坦尼兹. 论生态规划原理[J]. 中国园林, 2003（10）: 13
14 G·勃罗德彭特等. 符号·象征与建筑[M]. 北京:中国建筑工业出版社, 1991: 39
15 宁二. 公共艺术中的"私人问题"[J]. 新周刊, 2004（3）: 13

境与实例必须充分地理解与研究，在使用惯用、重构方法时尤其如此。否则，要么产生编码噪音；要么乱用一气、词不达意；要么引起误读、适得其反。

② 对符号语法的运用能力。必须熟悉符号的运用方法才能准确表达自己的思想。

③ 对读者阐释方式的理解。如果让作品的意义能被人理解，首先要了解读者的阅读方式，要有针对性才能达到目的。接受理论认为，读者的能动作用可以间接影响作品的再生产。所以，作者应该了解接受理论，了解期待视野与文本结构的概念；了解释义学的基本原理与概念；了解读者的理解力、文化背景、禁忌、民俗等内容。

④ 对度的把握。景观设计中应准确把握创造性与惯用性、个人性与公共性的度，否则主观上希望被人理解，客观却会变成"个人表达"。

以上我们简要分析了景观的意义与作者两个环节的重点问题，而对于景观的其他三个环节：编码（即意义的生成机制）、文本（即景观本体）、读者（即意义的阐释者），将在1.2、2.1、 2.2 中详细讨论。

1.2 景观认知性表征的编码机制

在1.1.2中已经谈到，本书的认知性表征，主要研究的是应用象征符号进行表征。从象征符号的生成角度，景观的认知性表征基本上可以分为两种类型：惯用型象征与创造型象征，相应的编码机制是约定俗成与语境约定。

1.2.1 惯用型象征与约定俗成机制

惯用型象征是以约定俗成作为表征机制的，即传统型、惯用型表征方式。其符号源于某一文化圈内群体的共同认知，共同约定其符号意义以至成为俗例，并相沿通用以至定型，故称为惯用型象征。如，龟象征长寿，乃中国文化的一种约定俗成。

1.2.1.1 约定俗成机制

惯用型象征的符号编码机制是约定俗成机制。这种类型中，符号形象与符号意义间大多没有必然性联系，二者间依靠历史文化积淀形成恣意性联系；意义的解读主要依靠读者的联想与想象，人们通过习惯性联想而获知符号的内涵。例如，玫瑰象征爱情，玫瑰与爱情本无任何共同之处，是传统文化的约定，使人们见到玫瑰的形象（视像、音像、语像），自然就解读为爱情。这就是人们通常说的约定俗成。如把"青龙、白虎、朱雀、玄武"形成的格局认为是风水吉地，就是约定俗成使然（图1-18）。

在具体应用过程中，除了约定俗成的语义基础，还要有特定的语境约定加以修正。从符号来源的角度分析，积淀是约定俗成的主要方式。象征符号原本并无特殊的意义，在不断地重复、应用、欣赏与体味过程中，人们逐渐赋予其特定意义。如世贸双塔原为经济发达的象征，现在又转变为恐怖牺牲的象征。

通过约定俗成，形象与意义间形成两种状态的联系：——对应与一多对应。——对应

图1-18 **约定俗成 /**
风水图式

是指形象在任何场合中都稳固、明确地与同一意义保持联系，不会出现多义现象，如十字架象征基督教。一多对应是指同一形象与多种意义保持联系，若要认知其某一确定意义，就需要有一个修正因子——"语境"。借助"语境"的二次规定，使形象与意义一一对应起来，从而避免歧义的产生，其意义生成机制演变为约定俗成+语境约定的修正。如梅与松、竹并列，构成"岁寒三友"的语境，象征君子；梅与鹤并列，构成"梅妻鹤子"的语境，象征隐士。

在古代的意义生成环境中，由于民俗、宗教、礼法的维护，符号意义的同一性和稳定性很高。一种景观象征符号通常情况下会与一种十分明确的组合方式对应，设计师所要完成的工作，大多是把符号形式按既定模式再现，这使得意义的生成对语境的依赖降到最低限度。

惯用型象征之所以保持其惯用，在于其在符号（词汇）、符号的组织结构（语法）及应用语境三方面都保持了惯用，三者之一若发生变化都会使整体发生改变。符号的组织结构是一种拓扑性的结构，并不是空间位置结构，而是相对稳定的性质关系。所以传统的惯用型象征中也可以有创造，但都是在保证传统符号意义与结构的前提下，进行具体的空间形态的创造。

1.2.1.2 惯用型象征的特性

惯用型象征往往是在特定的地域、特定的群体、特定的时间内形成的，是特定文化的一种显在表现形式，因而具有自身的特征性。体现在：

（1）标志性。惯用型象征由于蕴含了丰厚的文化内涵，能够突出地表现出特定地域与文化特征，成为一种文化地标，在景观中可以明确有效地传达地域文化的信息。惯用型象征具有双重意义，一是在所在文化中所象征的内容是狭义的象征，如枯山水耙沙波以象征海；二是广义上它是所在文化最重要的象征形式，如枯山水乃日本文化的典型象征。

（2）公共性。惯用型象征由于约定俗成的关系，能够被同一文化圈内的人们所共赏共识，容易被解释、被认同，信息的传达准确性、稳定性有保证，可操作性强。因而也较多地作为公共性象征来应用，以求最大限度地达到社会共识。

（3）制约性。惯用型象征同时也存在自身的局限性，表现为受到文化圈的较大制约，一旦丧失了文化圈的语境背景，其意义的传达则受到限制。

在空间方面，不同地域的人们沟通上存在语言障碍；在时间方面，同一文化圈内，不同时期的人们所具有的文化背景存在着时间上的差异；在个人素养方面，存

图1- 19 **改词造句** /
　　　　混凝土树雕
图1- 20 **选词造句** /
　　　　马修斯街住宅

在着专业与普通民众的知识背景的差别，故而后现代主义者要建立"双重译码"。

（4）保守性。惯用型象征因其惯用而易于流俗，无所创新。景观象征符号承载的意义过于固定，因而信息量相应较少而且陈旧。亚历山大在他的"Notes on The Synthesis of Form"一文中认为，自然形成的文化所产生的形式系统含有某种固定的内涵——神话、传统和禁忌阻止着个人的随意改变，只有在修改现存形式的要求十分强烈的推动之下，形式的创造者才会做出某些改变。如月亮门、曲水流觞被过度使用后，其象征意义已经变成陈词滥调。

（5）局限性。惯用型象征表达的含义即是人们所熟知的，又难以涵盖所有的意义，应用范围有较大的局限性，特别是对于表达较为个性化的、超前性的意义就更是力不从心。

（6）单向性。惯用型象征中，读者往往只是作为符号信息的被动接受者。象征意义的单一、明确形成了意义建构的单向性，难以调动主体参与双向建构，丧失了意义阐发的乐趣。

1.2.2 创造型象征与语境约定机制

自文艺复兴运动以来，人性回归的文化迅速发展。艺术创作也从约定俗成的传统文化控制作者状态，演变成作者可以较为自由地按自我编码方式创造景观意义的状态。惯用型象征属于惯例沿用的一种方法，除此之外的象征或多或少都带有主体创造性的特点，故而将此类象征统称为创造型象征。

此类象征或是借用惯用型象征的符号与结构，并加以改造形成新意；或干脆另起炉灶，创造全新的符号与结构，从而摆脱惯用的束缚与局限，广泛适应不同的需求。

1.2.2.1 创造型象征的类型

（1）重构型象征。从语言符号学角度分析，惯用型象征的文本结构是由既定意义的词汇（符号）按照既定方式的语法规则构成的。

重构型象征就是借用惯用型象征的符号，通过改变符号自身或相互之间的结构，从而构成一种新的象征结构体，表达新的意义，并与传统意义结合产生若即若离的效果。就如文丘里所说："对艺术家来讲，创新意味着到旧的和现存的东西中去挑选。"[16] 如芬莱将古罗马柱式、雕像、诗文重构于小斯巴达中进行象征。

惯用符号具有特定的组织结构与特定语境。重构型象征按其重构对象的不同又可以分为以下几种类型：

① 符号重构型象征。即将传统景观象征符号本身进行形态、材料等方面的变化，形成一种包含传统符号的新的符号，可称之为"改词造句"。

景观中，树木往往象征着自然。在斯蒂文斯为1925年法国巴黎的"国际现代工艺美术展"设计的园林中，他请雕塑家以混凝土为材料创造了4个一模一样的"树"，以象征自然（图1-19）。

符号重构型象征，由于取自传统符号，因而易被感知、认识，同时通过变化，又加入设计者的个人信息或意义，因而又有新意，属于温和的折中创作方式。

② 结构重构型象征。不进行符号重构，而对原有的符号组织关系进行重构。这相当于"选词造句"。也有人站在惯用的角度认为是"错用"、"误用"。如柱子本应位于檐下作支撑，但若置于景观中独立出来，则属于结构重构（图1-20）。

矶崎新认为建筑发展至今，已经有了相当丰富的词汇，问题是如何选用它们而不是再去创造词汇。他的许多作品好像是一个按"矶崎新语法"排列组合的词汇表，是各种符号超越时间和空间的同台演出。

结构重构分为有序重构与无序重构两种：

A. 有序重构型象征（图1-21），即将惯用符号的原有秩序以设计者的新

16 刘先觉. 现代建筑理论[M]. 北京：中国建筑工业出版社，1999：18

秩序来替换，形成新的有序结构。假山在传统园林结构中，与水、石、木相配，以象征昆仑诸山；但在扬州个园中，四座假山以顺时针形式加以重构，分别象征"春、夏、秋、冬"，整体构成"四时运迈"的意义。

施瓦茨的拼合园（图1-46），重构后的象征符号——日本园、法国园，按照重构后的组织方式——拼合，形成对当代多元文化碰撞与融合的象征。

B. 无序重构型象征，即设计者有意不规定新秩序，只是将原有秩序打破，重构为无序结构的新景观，实质上是让读者以给定词汇去自己造句。这源于文本结

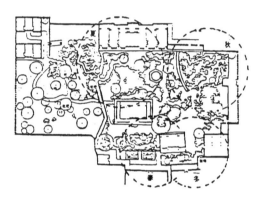

图1-21 **有序重构** /
扬州个园

图1-22 **无序重构** /
威尼斯水上
剧场

构的意义自足性（即结构具有自我生成意义的独立性）。

阿尔多·罗西的"威尼斯水上剧场"（图1-22），与周围环境的关系不是固定的，而是动态的，因而可以形成多种不同的文本结构，构成意义多变的城市景观。

实质上，结构重构中的符号，已经被从原有语境中抽离出来，具有多种的意义可能。在重构中，又与不分时空、地域、文化的其他符号相结合，重生出众多意义（但也可能走向混乱）。如Sacro Bosco公园借用鬼面符号置于景观语境构成地狱门（图5-5）。

③ 复合重构型象征。在实际应用中，单一应用符号重构型象征或结构重构型象征的情况较少，多数是这些重构类型同时使用，这样比单一应用更能适于具体的设计场合，并能创造足够丰富的新意义。摩尔的意大利广场可以认为是一个典型的例子（图3-11）。

（2）独创型象征。独创型象征放弃了惯用型象征的符号，而完全由作者独立创造全新的符号形式，并设定象征符号的意义，多属于私人性象征。例如：利马豆的精神（图1-23），这完全是野口勇自我创造的私人象征。

在独创型象征中，由于作者、读者的分离，形成以下局面：

① 符号意义没有事先通知读者而是由作者给定的；

② 作者的编码机制与读者的译码机制绝大多数情况下是不同的；

③ 只有文本，这个既定的作品结构，才是作者与读者所共有却又并非共识的。

因此，作者只有通过文本本身结构形成的语境约定，指引读者去领悟作品的意义。因语境对作者独创的象征符号的规定性没有约定俗成那么肯定、有力、持久，故而读者的解读结果不可能完全印合作者最原始的意图，只是某种程度上

的趋近，演绎甚至误读与歪曲，但这种丰富多彩的象征意义的再创造正是独创型象征的魅力，有时也正是作者希望通过文本的开放性结构所引起的象征意义的衍生事件，尽管有的意义较难理解，如施瓦茨的面包圈花园、里约购物中心金蛙（图1-24）。

图1-23 **独创符号** /
利马豆的精神

图1-24 **独创符号** /
里约购物中心

类比联想是读者解读的主要方式，最主要的是形象类比与结构类比。读者依靠自身的经验、知识进行联想，生成多种不同的意义。可以认为，独创型象征的意义大多是由读者自己生成的，是主动参与建构的结果，而惯用型象征的意义则是由特定文化所给定的。例如拉·维莱特公园（图2-5），由建筑师屈米与哲学家德里达合作，以点、线、面的分离与叠合，构成了一个"疯狂"的景观，表达了对解构主义哲学的理解，这完全属于个人行为；而读者所能与作者取得联系的中介只有那些点、线、面等形成的文本结构，其意义的获知完全有赖于读者的自身文化修养、知识储备及联想能力。理解到哲学层面的人恐怕寥寥无几，但这并不妨碍人们在其他层面展开联想并获得认知的愉悦。

1.2.2.2 语境约定机制

相对于惯用型象征而言，创造型象征具有两个基本特点，一是景观作者创造出个人化信息；二是景观读者可以用个人化的方式进行意义阐释。这样，语境约定作为编码与解码机制，就成为象征生成过程的核心。

创造型象征的意义生成机制是语境约定机制。象征符号作为非本义性符号，符号与意义的联系并不是必然、本质、内在的，那么就需要人为的约定。约定俗成依靠的是文化圈的共同性规约，而语境约定则依靠的是语境。

侯幼彬先生以符号○为例，精辟地阐述了语境的作用。在英文字母语境中，○与ABC并存，则语境约定其为字母"O"；在几何图形语境中，○与△□◇并存，则语境约定其为几何形"圆"；在数字语境中，○与1、2、3并存，则语境约定其为数字"零"；在具象图形中，○与 ⊙ ⊡ ⌣ 图形并置，则语境约定其为"嘴"。

景观语境起到同样的约定作用，如：一池清水，置于传统宅院前，使与后山、左水、右路构成了"青龙、白虎、朱雀、玄武"的风水吉图，水的象征意义被约定为吉（图1–18）；若置于城市的人工环境中，水则被约定为自然的象征（图5–1）。

语境约定方法由两种主要型形成。

（1）冗余型。象征符号所存在的语境中，有一定数量或质量的相关冗余信息的共同意义指向，反复强化约定符号与意义的对应关系，如意大利广场的拱券、柱式、喷泉构成的意大利文化的景观语境。

（2）特征型。象征符号自身强烈的特征在语境中浮现出来。这种对应关系不像约定俗成中的那么具有固定性、明确性、公共性、既定性，而呈现出动态性、模糊性、私义性和开放性。象征意义不是公众给定而是主体领悟生成的，呈现个性化特征，如施瓦茨的面包圈花园。

约定俗成是一种历时性规约，受时空、文化圈的较大制约，在此背景发生变化甚或丧失的情况下，符号形式与意义的联系就会中断，从而造成使用与释读上的困境；尤其在网络时代，全球同化的趋势来之汹汹，e、@、网络、波普、时尚，很快占据了人们的头脑，约定俗成下的象征则快速丧失其本义，从而还原为空白，或又悬为"待解之谜"。

相比之下，语境约定则突破了时空文化的限制，因时、因地、因人约定不同的意义，是灵活、丰富又开放的结构，有较强的适应力。例如，某校庆60年纪念碑方案（图1-25），作者以60个树桩，与校园、树林、学子共同构成景观语境，鲜明地指向了"十年树木，百年树人"的象征主题，特色鲜明而又寓意深刻。

语境约定当然也有其不足。如语境约定下的"符义关系"并不明确与稳固，也可能过于私人化，因而更易出现难读或误读，甚至晦涩乏味，以及牵强附会，最终导致创作者的孤芳自赏或解读者弃之而去。

1.2.2.3 创造型象征的特性

（1）重构型象征的特性。重构型象征具有某些惯用型象征的特点，如与传统文化的联系密切，人们的认知程度相对较高。同时又因其象征内涵突破了惯用型象征的固有局限，又可以相对更灵活、广泛地用于表征不同的意义。这是创新方式中的一种较为温和的折中方式，兼顾了（或曰包容了）较多方面的矛盾问题。这种特性以文丘里的温和宣言来表达较为确切。他说："我喜观基本要素混杂而不要'纯粹'，折中而不要'干净'，扭曲而不要'直率'，含糊而不要'分明'，既反常又无个性，既恼人又'有趣'，宁要平凡的也不要'造作的'，宁可迁就也不要排斥，宁可过多也不要简单，既要旧的也要创新，宁可不一致和不肯定也不要直接的和明确的。我主张杂乱而有活力胜过明显的统一。我同意不根据前提的推理并赞成二元论……"[17] 这种重构符号的方法，从某种意义上说，可以使原有的传统语言再次复活。

重构型象征呈现一种较为开放的意义结构，允许或鼓励人们在传统符号的原生信息之外，再去生成丰富多样的、各不相同的新生意义。

重构型象征从符号的选取、创造方式的可操作性及被理解的程度等方面都相对简单容易。大众较多地去还原符号及结构原

图1- 25 **语境约定** /
校庆纪念碑

17 罗伯特·文丘里. 建筑的复杂性与矛盾性[M]. 北京：中国建筑工业出版社，1991：1

型，而专业者则更多地关注重构后的内涵，因而可以取得 "雅俗共赏"的效果。

（2）独创型象征的特性。独创型象征的优点是不受任何局限，作者有较大的发挥余地，可以表达完全个人化的内容，与惯用型象征、重构型象征共同构成完整的、适用不同语境状态的认知性表征体系。

独创型象征的意义更加广泛，可以表达不同时间、空间、文化的内容，是推动象征发展的主要形式。

独创型象征的意义结构更加开放，存在更大的意义空域，吸引读者更多地参与意义创建之中，从而获得更多的认知愉悦。

独创型象征中，作者与读者通过作品、语境进行沟通，时间、空间、文化形成的障碍相对较少，景观作品的影响会更加广泛、久远。

独创型象征的缺点是，由于读者与作者对于景观作品的共同背景太少，故而易出现误读、曲解的情况。这在某些情况下是允许的，但在大多数情况下，还是被认为是对传达信息的损害。有时作者个人化内容多，对读者的知识背景、领悟能力要求较高，景观作品往往成为作者的自言自语，会形成曲高和寡的情况，后现代主义倡导的雅俗共赏的二元论，就是针对这个问题。作者个人化的指定或类比，有时因作者水平差异，造成牵强附会，也会使景观作品给人以低俗之感。

1.3 景观认知性表征的意义题材

1.3.1 景观意义题材概述

景观意义，即景观的原始信息。其题材的类型非常丰富而内容又十分复杂，在此只能进行粗略的归类。

景观的意义题材，主要以文化观念的表达为主要内容。观念是人类比较稳定的思想内容，随人类生活体验的历程而发展，思想逐渐丰富，定型为观念。反过来，观念又对人类的生活、行为、历史进程产生巨大影响。如宇宙观、吉祥观、人生观、自然观、道德观等，这类观念中，社会群体共识性的观念占主导地位，而个人化的私有观念占次要地位。

还有一些在观念以外的意义题材，成分较为复杂，表达的意义也没有观念那么抽象，往往是具体的意义确指。如对具体事件的纪念，以及对科技、生物的象征。其意义的选择与表达多呈现个人的私有状态，尤以现代景观多见。

需要指出的是，同一景观中意义可能不是单一的，只是某些方面的意义成为主导。不同题材中难免有交叠，如宗教题材中也还包括宇宙题材等，本书以景观所表达的最主导内容作为归类方法。

通过不太完全的归类，似乎可以看到一些规律性现象。

从时间上，古代景观对拉普卜特所说的高层次意义，如宇宙、生命、历史、文化等的表达较现代景观为多。其原因也许是，在古代这些观念深入到每个层面、每个领域的人心之中，是所有工作的前提与指针。

在现代景观中，这些关乎人类共同命运的内容却似乎离我们越来越远，这与现代人的生存状态有关。生活目标的迷失、生存压力的加大、生活节奏的加快等，使得大量的公共景观中的意义表达与欣赏成为难题。同时，时尚、消费和娱乐这些拉普卜特所说的中、低层次意义的流行，也导致传统高层次意义的渐失。

从空间上，中西传统景观所表达的意义在题材上是没有差别的，只不过在具体的内容上表现出文化积淀的不同。西方传统的景观由于受宗教的影响较深，其题材的具体内容有许多来自于宗教的教义、典故、传说，这类内容的传承相对稳定，内容的阐释相对统一；也有一些与王权、礼制相关联。中国传统的景观，结合了民俗、礼制、宗教等多种因素，题材的具体内容相对繁杂，内容的传承相对并不稳定，内容的阐释相对也不统一。

现代景观中，由于全球化的影响，意义题材正呈现出一种慢慢趋同的倾向。

相对而言，西方现代景观的题材越来越多地表现出创作者个人化的内容，而中国现代景观由于受到文化惯性的作用，或是设计师创造力的不足，或是业主水平的局限，目前还是比较多地体现着公众的传统观念。

1.3.2 景观意义题材类型

1.3.2.1 宇宙题材

日出月落，斗转星移，四季循环，社会变迁，这如迷如梦般不可思议的宇宙现象，总是令人希望追寻出现像背后的内在原因和动力。对宇宙的思考与探求一直是人类发展进程中的重要内容之一，从传说中的通天塔到"揽天缩地于君怀"的盆景，都可以看出宇宙观念的影响，因此王毅认为："园林不过是人们用艺术手段对理想中宇宙的模仿。"[18]

由于对于宇宙理解的不同，出现了不同的宇宙模式，下面介绍几种主要模式。

（1）跃动式的宇宙模式。20世纪初，随着量子力学、相对论的出现，以牛顿、笛卡尔理论为基础的近代科学的宇宙观不断受到质疑与挑战。混沌、分形、复杂性、大爆炸学说等不断丰富着人们对宇宙的认识，吸引着人们对宇宙的探索。

被称为哲学之外哲学家的查尔斯·詹克斯，在倡导后现代主义建筑之外，又提出了"宇宙生成建筑学"（Cosmogenetic Architecture），并于1995年出版了专著《跃动式宇宙的建筑学》（The Architecture of the Jumping Universe）。书中融入了混沌学（Chaos）、宇宙生成学（Cosmogenesis）和突变的跳跃理论（Jump），形成了他自己的宇宙观。

他认为，宇宙在形态上是复杂的、混沌的，事物是重复存在的却又有"自似性（self-similarity）"；在演变过程上，宇宙是跳跃的和非线性的；在运行规律上，宇宙是化学的、生物学的、有机的。"形式追随宇宙"的建筑学应该是混沌、复杂、有机、多元与跳跃式的，从形态设计手法上应该是波动、折曲、叠合、自组、多价、拼贴、激进、折中、生态的等。

这些观点与方法在他的私家花园中都充分地体现出来。詹克斯与其夫人克斯维克（Maggie Keswick），共同设计了他们的私家园林——宇宙思索园。园中，体现有机性的曲线、波动的地形、对称断裂平台、双螺旋体山丘、曲桥、PNA图谱线型的种植、双螺旋体的雕塑等，一系列由大到小的景观元素与结构，都在全面地表达他的宇宙观（图1-12~图1-14）。

18 王毅. 园林与中国文化[M]. 上海：上海人民出版社，1990：53

（2）无限广大与蕴涵万物的宇宙模式。"四方上下曰宇，古往今来曰宙"。在中国，自《中庸》以后，经孟子、荀子的完善，中国士大夫阶层已经将人性、人格理想、宇宙观念合为一体。象天法地，俯仰乾坤，成为中国古典园林的不倦追求。战国之后，中国人把宇宙的形态特点归纳为"无限广大"和"蕴涵万物"，这种观念在秦汉之后的中国古典园林是一直奉遵不违地加以表现的。如杨怡所言："茸茅如蜗庐，容膝才一丈。现园无四隅，空廓含万象。"[19] 拳石为山，勺水为海，建筑表人居，鱼表动物，树表林木，天光云影，日出月落，四季流转，抚琴聚饮，尽在园中，此乃宇宙"元素齐备"。园中空间曲折奥晦，以小见大，以有限寓无限，此乃宇宙"空间无限广大"。因为园林象征了宇宙，乃宇宙缩影，故而可以"随处体认天理"（图1-26）。

此外，中国宇宙观念还包括如天坛（图1-27）、地坛象征的天圆地方模式，以及北京故宫后庭布局象征的时空合一的"月令图式"的宇宙模式（图1-28）。[20]

（3）"曼陀罗"宇宙模式。佛教的宇宙观与中国的传统宇宙观不同。古印度人认为，宇宙由地、金、水、风四"轮"构成，佛居其正中，向四方衍为四种"波罗密相"，象征佛的四智。宇宙中心为须弥山，有主峰及四从峰，日月在其左右升降。须弥山位于大海中央，周围对称为陆地，各为"四大部洲"、"八小部洲"，最外铁围山是宇宙边缘等。

承德外八庙之一的普宁寺就象征了"曼陀罗"宇宙模式。大乘之阁象征须弥山，左右二台殿象征日月，东西南北的台殿是按"四大部洲"形式布置的，并各配二台代表"八小部洲"，阁的四角置四色喇嘛塔，象征佛的"四智"，外围墙代表铁围山，墙形曲折象征沧海（图1-29、图1-30）。

（4）宇宙元素。宇宙中的元素也时常成为景观中象征对象，如随处可见的不锈钢地球雕塑直白性的对地球表征。比较著名的是野口勇设计的耶鲁大学贝尼克珍藏图书馆的下沉式大理石庭院。其中，立方体、金字塔和圆环分别象征机遇、地球和太阳，充满了个人象征的神秘气氛（图1-31）。

1.3.2.2 吉祥题材

求吉避邪是人类共有的心理，对幸福的追求和对灾祸的恐惧，贯穿了人类心灵的成长过程。吉祥观念就是人们在长期社会实践和特定心理基础上逐渐形成的追求吉祥，以及将某些自然事物与文化事物视作吉祥的观念和信仰。这种观念将

---

19 王毅. 园林与中国文化[M]. 上海：上海人民出版社，1990：274
20 侯幼彬. 中国建筑美学[M]. 哈尔滨：黑龙江科学技术出版社，1997：246-247

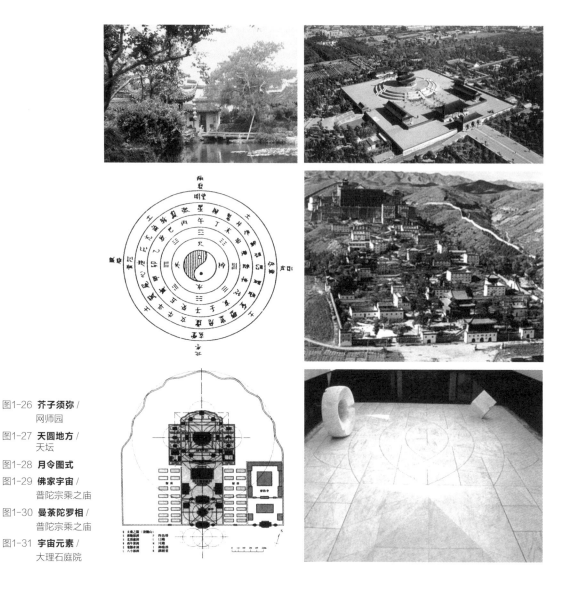

图1-26 **芥子须弥** /
网师园

图1-27 **天圆地方** /
天坛

图1-28 **月令图式**

图1-29 **佛家宇宙** /
普陀宗乘之庙

图1-30 **曼荼陀罗相** /
普陀宗乘之庙

图1-31 **宇宙元素** /
大理石庭院

万事万物加以区别，相信利用某些自然事物与文化事物能躲避灾祸邪祟，获致吉
庆祥瑞，从而将它们给予多种方式的表现。吉祥数字与吉祥物就源于人类的趋利
心性和"万物交感"观念。

在现代社会，这种吉祥观念依然在人们的思想中占有重要位置。如对吉祥号
码"8"、"9"的追求及对谐音不利的"4"的回避等。吉祥观是一个统称，还可
具体分为福、寿、禄、财、镇邪、避凶、风水等观念。

（1）招福纳吉。"福"较抽象，故常用谐音象征中国园林，用"鸡"象征吉、用葫芦象征福寿。在西方，常用无花果象征富饶、幸福、和平、昌盛。这种象征主要通过园林植物配置、漏窗、铺地图案、彩画、对联等方式进行表达。

（2）长寿为吉。在中国，龟、鹿、鹤、松、柏、银杏等为长寿之物，故多用来象征"寿"，在西方，多用洋常春藤、冬青等象征长寿。

（3）借用宗教的吉祥。如"万字符"被佛教认为是吉祥符号，圆明园"万方安和"即以建筑平面形式进行表征。道家讲"紫气东来"，故紫藤、紫薇便为吉木，拙政园入口就有文征明手植紫藤（图1-32）。

（4）风水择吉。风水术是中国独有的一种神秘文化，融会了阴阳、五行、八卦等学说，核心是吉凶问题。风水术核心观念来自《老子》，"万物负阴而抱阳，充气以为和"，故宅、村、城选址皆须按方法及环境而定（图1-33）。

（5）镇凶驱邪。吉祥观除了主动招福纳吉之外，还要从反向镇凶驱邪。如苏州司徒庙中清、奇、古、怪四棵两千年的古柏就是有镇守意义的风水树。最常见的是"泰山石敢当"，也有用猛兽如虎、狮以及门神、武士、对联、风水塔来镇恶驱邪（图1-34）。

1.3.2.3 宗教题材

宗教广泛而深刻地影响着人类社会的生活。因而宗教题材的象征十分普遍。椰枣树是伊斯兰教的象征，西番莲象征基督教，荷花是佛教的象征，枸橼是犹太教的象征，菩提树是印度教和佛教的象征。宗教的象征除了在宗教园林与建筑上体现较多外，对世俗景观也产生了较大影响。

（1）基督教题材。按照《圣经》中的记述，亚当与夏娃最初就生活在天堂景观——伊甸园中。西方人认为，园林就是建在地上的伊甸园。从中世纪留下

图1-32 **紫气东来** / 拙政园紫藤
图1-33 **风水宝地**
图1-34 **符镇邪妖**

图1- 35 **伊甸乐园**

图1- 36 **耶稣敬仰** /
耶稣山

图1- 37 **天堂四河** /
莫卧尔花园

图1- 38 **佛门敬圣** /
狮子林

　　的绘画中可以看到，中世纪的欧洲园林是对伊甸园的模仿，是用于敬献给神灵的。西亚园林据说也是按照伊甸园的型制一块围合起来的方形平面，再用象征天国四条河流的水渠穿越花园。在理论上，伊甸园中种植了尘世间的所有瓜果（图1-35）。

　　基督教的寺庙园林已不多见，但教堂那高耸入云的尖塔却无处不在地传达着宗教的信息，还有用雕像形式来直接表达对耶稣本人及其教义的崇敬，如巴西的耶稣像（图1-36）。

　　（2）伊斯兰教题材。伊斯兰园林遗存的也比较少，总体上看，花园呈矩形发展，水象征生命与冥想之源。十字形水渠则代表天堂中的水、酒、乳、蜜四条河流。如莫卧尔花园（图1-37）。同时，园林不能完全对称，"对于伊斯兰教徒来说，全局的对称常常被看做是对真主安拉的不恭，会令真主生气。"❷

　　（3）佛教题材。佛教在东方影响深广。苏州狮子林（图 1-38）原名为"狮子

21 吴家骅. 景观形态学[M]. 北京：中国建筑工业出版社，1999：39

林圣恩寺",原为佛教寺院,故而以石堆山拟狮,以表达《大智度论》中说的"佛为人中狮子"。留园"闻木樨香"轩则象征了一则关于黄庭坚悟道的佛教公案,表达了佛教一个原则:"直心是道"。

佛教中的寺庙园林的布局、色彩,都表达了佛教的规章制度,例如,围墙都涂上黄色,表示增益。佛像也成为景观,不仅限于膜拜,也象征佛法与吉祥,如乐山大佛等。石窟景观也同样源于佛教象征,如敦煌石窟等。

(4)道教题材。中国本土宗教——道教的许多思想在景观中也有所体现。如留园中的鹤所,用鹤来命名,象征园主人对于道教所说羽化登仙的向往。道家的太极图、八卦图也常常作为图案,在景观中用于象征。

实际上,中日园林一池三山、一池三岛的做法,也都源于道家关于东海神山的典故。

世界各地大量存在着各种宗教,在景观中都经常加以表达。例如,希腊帕提农神庙象征雅典娜,玛雅人的金字塔则是太阳神的象征。英国杰里科设计的穆迪历史花园,据作者解释,隐藏了三层潜意识,最表面的是情感,最深层的是神秘的山水,中间层则象征了由伊甸园、希腊众神与中方诸佛代表的宗教。

1.3.2.4 礼制题材

礼制等级制度是以人身依附关系与严格的等级关系为特征的等级差别与层次结构,其作用主要是用于维护与表现等级关系,以秩序求社会的稳定,同时,也是为了强调权力、地位等重要性。在景观中,常常用择中布局、轴线布局以及特殊的色彩、数字来体现。

(1)择中布局。景观中,处于整体中心的位置不仅是视觉的核心,也是观念、心理中的核心。古人认为中央的位置等级最高、最尊贵、最正统。《吕氏春秋·慎势》说:"古之王者,择天下之中而立国,择国之中而立宫,择宫之中而立庙。天下之地,方千里以为国,所以极治任也"。在西方,凯旋门广场就是用择中布局表达王权等级的典型(图1-39)。

(2)轴线布局。轴线布局可视为择中观的延伸,源自天——地结构中心的认同,对此,世界各地都有普遍共识。

在中国,古人认为北极星是天的中心,地的中心与北极星这个天的中心相连,便成为一条南北向的轴线,这条轴线连接天地中心,成为"中心之线",线上的位置则象征着中心、尊严、权力。相形之下,轴线左右的位置便含有从属、低级之义。由轴线布局观念还演变出"南面观"、"四正观"。园林也不能脱离等级礼制的要求，轴线布局是最通用的方法，例如凡尔赛宫殿（图1-40）居于中轴线上象征王权。

（3）数字与色彩。古代中国九为天子之数，不可谶越；同时以黄色表示最珍贵，所以黄色是皇家园林的专用颜色，私家园林中是见不到的。例如北京的社稷坛（图1-41），以黄土居中，象征尊贵。

图1-39 **中镇八方** /
凯旋门广场

图1-40 **轴线在握** /
凡尔赛宫

图1-41 **地分五色** /
社稷坛

1.3.2.5 道德题材

道德在全世界都极受重视，尤其在中国儒家的强调下，更是成为要倡导赞颂的主题，甚至出现了将自然景物与人的道德相联系的"比德"说。例如"智者乐水，仁者乐山"，松、竹、梅被称为"岁寒三友"等。

"善"多用"扇子"来进行谐音象征。拙政园"与谁同坐轩"扇形的平面、扇形的窗都在象征着"善"。贞节牌坊、孝行牌坊也都是对"忠、义、孝、悌"、"贞节"等道德题材的表征（图1-42）。

西方景观中，也有许多用植物进行道德教化的现象，例如，用杏、玫瑰、百合象征忠贞、纯洁；用金银花、忍冬象征献身、忠诚。

1.3.2.6 政治题材

政治题材一直是统治集团最为关注的内容。例如，巴西利亚的三权广场象征

图1-42 **道德彰纪** /
忠孝牌坊

图1-43 **三权分立** /
三权广场

图1-44 **民主自由** /
自由女神像

的是立法、行政、司法三权分立的政治制度（图1-43）。

美国自由女神像象征美国人民对于民主自由的追求（图1-44）。美国黑山国家纪念像（华盛顿、杰弗逊、林肯、罗斯福）雕像，分别象征着：创建国家、政治哲学、捍卫独立、扩张和保守（图1-18）。罗斯福总统纪念园用四个室外空间象征了罗斯福的四个时期以及他宣扬的四种自由。

政治题材在皇权统治下的中国更为重视。萧何"非令壮丽，无以重威"的思想演变成"形象工程"，无时不在宣扬着"非壮丽无以为功"的政治观念。

1.3.2.7 时间题材

时间与空间构成了人类生存世界的两个基本维度。以时间为表征的对象的景观也比较常见。

中国园林在这方面比较突出的是扬州个园，其中的四季景观，春景通过翠竹中的石笋来模仿春天破土而出的春笋；夏景通过太湖石、水洞来象征；秋景通过

图1-45 **四季流转** /
个园

黄石、枫叶来象征；冬景则是通过白宣石和寒风孔来象征（图1-45）。

西方，德国画家霍德里德施拉米格的大地艺术命名为"时间之岛"。穆迪历史花园则以时间为线索，通过景观和花园的历史来描述人类文明历史。

此外，全国各地的世纪广场、世纪大道、世纪公园，都是以题名方式来表达特定的时间观念。

1.3.2.8 哲学题材

哲学是关于世界观的学说，是人类各种思想的精华，也是景观中的重要题材。

（1）世界观哲学题材。屈米与解构主义哲学家德里达合作设计的拉·维莱特公园，以点、线、面三个体系的无序叠合创造出偶然、巧合、不协调、不连续，从而表达他们的哲学主张——解构主义。

施瓦茨的怀特海德学院拼合园，用禅宗花园与法国花园拼合，人工与自然的拼合，表达了多元对立与转化的哲学观念（图1-46）。

（2）处世哲学题材。隐逸文化是中国士大夫阶层所推崇备至的，中国私家园林其实大部分都是隐逸文化的象征载体与产物。园名"拙政"、"网师"、"退思"，都是"穷则独善其身"的处世哲学的明确表白。

（3）生命哲学题材。莎士比亚写出的"To be or not to be？"是艺术作品的永恒主题之一。

日本人认同生命的短暂，欣赏生命之花的瞬间绽放，园林之中多带有悲哀之意。波特兰市日裔美籍人历史广场种植的樱花转瞬即逝，就是这种生死观念的象征（图1-47）。

齐康先生的南京大屠杀纪念馆，也是利用棺木、枯树、卵石、雕像等无生命的事物象征了死亡的悲哀。

越南阵亡战士纪念碑，用抛光花岗岩墙面来反射参观者的影像，与墙上铭刻的死者的名字形成对比与叠合，表达了阴阳相隔的生死观念。

图1-46 **哲学多元** / 拼合园

图1-47 **生命苦短** / 日裔美籍人历史广场

1.3.2.9 生殖崇拜题材

生殖繁育是物种持续发展的必要保证。中国人素有"多子多福"之说，因此与"多子"相关的葡萄、石榴、葫芦、瓜、莲子、栗子、甚至老鼠等形象都用来进行象征。植物类多用种植实物来表达，如园中的石榴、莲。动物类多用铺地、彩画、砖雕、灰塑的方式表达。生殖崇拜有时还直接以男性器官的象征物来表达。如吴哥窟城中心就设立着湿婆神教义中象征男根的石柱。

1.3.2.10 民族与国家题材

民族的象征对于一个国家、一个民族来说是非常重要的，先民早在原始时期就用图腾的方式标定出民族的区别。

例如，洛杉矶市是多民族聚居的地方，有很多墨西哥人，城市中的帕欣广场，用富有墨西哥民族风格的多重色彩及水渠对民族特征进行象征。

驻日本的加拿大使馆四楼庭院，为表现日、加两国特色，用抽象的地理景观，以结构类比了两国不同的地域文化特征。两处水池象征大西洋与太平洋，岩石组象征加拿大北部的冰河景观；三组三角锥体象征了北美大陆的落基山脉；池水、飞石、砂石铺地象征了日本海岛景观（图1-48）。

1.3.2.11 事件与人物的纪念题材

事件与人物的纪念题材是人们对历史的反思与评价的形象总结，是对历史观念的突出表现。

图1-48 **地理呈现** /
　　　加拿大驻日
　　　使馆庭院

（1）事件。"911"事件纪念景观之一，应用灯光构成"双光柱"，用虚拟的高耸的双光柱象征了被恐怖分子炸毁的世界贸易大楼双塔。

哈普林设计的旧金山 Justin Herman 广场上的喷泉象征了历史上的一次地震事件。法国巴黎凯旋门则是象征了拿破仑一生战功的纪念性景观。

（2）人物。罗斯福纪念园用亲切的尺度，轻松的氛围，象征了罗斯福总统平易近人的为人，与政治民主的思想（图1-49）。

美国休斯敦警官纪念地，用花岗岩的材质特征象征警官的崇高品质，用对称的形式与严格的秩序象征严整的战斗梯队。

1.3.2.12 传说与典故题材

传说与典故一般广为流传于社会民众之中，是普通百姓最喜闻乐见的交流内容，也是景观博取大众欣赏的主要表达题材。例如，土耳其特洛伊城的木马表述了一个广为人知的故事（图1-50）。日本六义园象征中国《诗经》中的赋、比、兴、风、雅、颂六义。留园的濠濮亭与北海的濠濮间，取名都寓意《庄子·秋水》中的庄子垂钓于濮水、与惠子对话濠梁的典故。新加坡的鱼尾狮则讲述了一段城市历史的传说。

1.3.2.13 灵魂与精神题材

灵魂与精神是人的生命根本，历来是人们探寻与表达的主题，其神秘莫测、难以言说的特质，正适合用象征方法来表达。

西班牙的树木与灵魂的墓地中用没有生命的枯木与粗石对灵魂加以表达。野口勇在"加州剧本"庭院中设计了一个雕塑，命名为"利马豆的精神"，还设计了一个圆锥形的喷泉，象征公司创始人的奋斗精神。瑞典"地之灵魂"景观，用喷雾苔藓表达了"土地之魂"的概念（图1-51）。

图1-49 **亲和民主** / 罗斯福纪念园

图1-50 **神话动人** / 特洛伊木马

图1-51 **灵魂永在** / 地之灵魂

1.3.2.14 自然题材

自然是人类生存的本原环境，也曾经是人类膜拜的对象，"异化"与"复归"，"征服"与"共生"，伴随着人类的发展进程。

法国的古典园林，是以第二自然即人工自然来象征人对自然的征服。中国古典园林则是用"虽由人做，宛自天开"来象征人类与自然的和谐统一。

加拿大驻日本使馆，既属于国家象征，也属于自然地理象征。

自然中的生物也是象征的对象，例如，日本藤泽湘南台文化中心，用不锈钢雕塑象征了"树林"（图1-52）。景观作品"墨西哥之鲸"象征了人对空间、历史、文化、自然相互和谐的追求。高迪的古尔公园用有机的形态表达了对自然生物的象征（图1-53）。

1.3.2.15 其他题材

由于人类生活的丰富性，景观中的象征题材难以穷尽，除了上述比较多见的类型以外，各种个人化、细节化的题材也非常多。例如，爱情题材，在法国维兰德里城堡下有一座花园，其中的装饰性花圃叫做"爱情花圃"，其中有四块种植坛，分别叫做"温柔的爱"、"热烈的爱"、"不贞的爱"和"悲惨的爱"。用胡杨树的图案象征，分别表达平静的心、躁动的心、折角的信件和匕首。

此外，还有对悲欢离合、荣辱沉浮等各种意义内容的象征，也在各种景观环境中都有体现。

图1-52 **自然表现** /
　　　日本藤泽湘南
　　　台文化中心

图1-53 **生物拟象** /
　　　古尔公园

图片索引

图1- 20 独创符号 / 利马豆的精神.王向荣，林箐. 西方现代景观设计的理论与实践[M]. 北京：中国建筑工业出版社，2002：183

图1- 21 独创符号 / 里约中心.王向荣，林箐. 西方现代景观设计的理论与实践[M]. 北京：中国建筑工业出版社，2002：244

图1- 22 语境约定 / 校庆纪念碑.建筑师编辑部.建筑师[M].北京:中国建筑工业出版社，1985.（总24）:17

图1- 23 追随宇宙 / 詹克斯花园.王向荣，林箐. 西方现代景观设计的理论与实践[M]. 北京：中国建筑工业出版社，2002：203

图1- 24 折曲形式 / 詹克斯花园.王向荣，林箐. 西方现代景观设计的理论与实践[M]. 北京：中国建筑工业出版社，2002：203

图1- 25 跃动姿态 / 詹克斯花园.王向荣，林箐. 西方现代景观设计的理论与实践[M]. 北京：中国建筑工业出版社，2002：204

图1- 26 芥子须弥 / 网师园.刘晓光摄

图1- 27 天圆地方 / 天坛.侯幼彬.台基[M].台北:锦绣出版事业股份有限公司.2001:16，14

图1- 28 月令图示

http://image.baidu.com/i?ct=503316480&z=0&tn=baiduimagedetail&word=%CE%E5%D0%D0%B0%CB%D8%D4%CD%BC&in=3696&cl=2&cm=1&sc=0&lm=−1&pn=29&rn=1&di=10170058530&ln=751&fr=&ic=0&s=0&se=1&sme=0

图1- 29 佛家宇宙/普陀宗乘之庙.刘晓光. 象征与建筑[M]. 台北：锦绣出版事业股份有限公司，2001：25

图1- 30 曼荼罗相 / 普陀宗乘之庙.刘晓光. 象征与建筑[M]. 台北：锦绣出版事业股份有限公司，2001：23

图1- 31 宇宙元素 / 大理石庭院.王向荣，林箐. 西方现代景观设计的理论与实践[M]. 北京：中国建筑工业出版社，2002：179

图1- 32 紫气东来 / 拙政园紫藤.周武忠. 寻求伊甸园[M]. 南京：东南大学出版社，2001：39

图1- 33 风水宝地.刘晓光. 象征与建筑[M]. 台北：锦绣出版事业股份有限公司，2001：6

图1- 34 虎镇邪妖.刘晓光. 象征与建筑[M]. 台北：锦绣出版事业股份有限公司，2001：32

图1- 35 伊甸乐园.杨永胜. 世界传世名画（1）[M]. 济南：济南出版社，2002：11

图1- 36 耶稣敬仰 / 耶稣山

http://image.baidu.com/i?ct=503316480&z=3&tn=baiduimagedetail&word=%B0%CD%CE%F7+%D2%AE%F6%D5%CF%F1&in=19543&cl=2&cm=1&sc=0&lm=−1&pn=3&rn=1&di=14852495

100&ln=255&fr=&ic=0&s=0&se=1&sme=0

图1-37 天堂四河 / 莫卧尔花园.王向荣，林箐. 西方现代景观设计的理论与实践[M]. 北京：中国建筑工业出版社，2002：10

图1-38 佛门敬圣 / 狮子林.刘晓光摄

图1-39 中镇八方 / 凯旋门广场.刘育东. 建筑的涵义[M]. 天津：天津大学出版社，1999：12

图1-40 轴线在握 / 凡尔赛宫.王向荣，林箐. 西方现代景观设计的理论与实践[M]. 北京：中国建筑工业出版社，2002：4

图1-41 地分五色 / 社稷坛.侯幼彬. 台基[M]. 台北：锦绣出版事业股份有限公司，2001：14

图1-42 道德彰纪 / 忠孝牌坊.世界景观大全（3）[M]. 台北：台湾建筑报道杂志社，2002：295

图1-43 三权分立 / 三权广场

http://image.baidu.com/i?ct=503316480&z=0&tn=baiduimagedetail&word=%B0%CD%CE%F7+%C8%FD%C8%A8%B9%E3%B3%A1&in=16281&cl=2&cm=1&sc=0&lm=-1&pn=146&rn=1&di=6687959310&ln=859&fr=&ic=0&s=0&se=1&sme=0

图1-44 民主自由 / 自由女神像.景观设计（22）[J]. 大连：大连理工大学出版社，2007：84

图1-45 四季流转 / 个园.刘庭风. 中日古典园林比较[M]. 天津：天津大学出版社，2003：158

图1-46 哲学多元 / 拼合园.伊丽莎白·k·梅尔；玛莎·施瓦茨. 超越平凡[M]. 王晓俊、钱钧译. 南京：东南大学出版社，2003：115

图1-47 生命苦短 / 日裔美籍人历史广场.王向荣，林箐. 西方现代景观设计的理论与实践[M]. 北京：中国建筑工业出版社，2002：188

图1-48 地理呈现 / 加拿大驻日使馆庭院.章俊华. 日本景观设计师枡野俊明[M]. 北京：中国建筑工业出版社，2002：51

图1-49 亲和民主 / 罗斯福纪念园.王向荣，林箐. 西方现代景观设计的理论与实践[M]. 北京：中国建筑工业出版社，2002：88

图1-50 神话动人 / 特洛伊木马.世界景观大全（3）[M]. 台北：台湾建筑报道杂志社，2002：375

图1-51 灵魂永在 / 地之灵魂.保罗·库珀. 新技术庭园[M]. 贵阳：贵州科技出版社，2002：180

图1-52 自然表现 / 湘南台文化中心.世界景观大全（3）[M]. 台北：台湾建筑报道杂志社，2002：260

图1-53 生物拟象 / 古尔公园.王向荣，林箐. 西方现代景观设计的理论与实践[M]. 北京：中国建筑工业出版社，2002：12

景观美学

AESTHETICS OF LANDSCAPE ARCHITECTURE

02

在第1章中，我们对意义传达模式中的两个重要环节——景观意义与作者进行了分析。本章将对模式中的三个重要环节——景观文本、读者与阐释进行详细解析。

2.1 景观文本的表征

2.1.1 景观文本

本节所讨论的景观文本，也就是一般认为的景观本体，是信息传递模式中的渠道（channel），是作者与读者的中介，是作者赋意的载体和读者进行阐释的对象，是设计成败的关键。

接受理论认为，作者创作出来的原初成果在未被读者阅读时，还不能称为作品，应称为文本（亦称本文）。只有经过阅读，读者将文本的意义结构进行填充，使之具体化，才可称之为作品。一般所指的作品，只是从公众阅读习惯的角度考虑的称谓，实质上就是文本。

2.1.1.1 文本动态性

景观文本具有信息的动态性特征。我们在景观意义题材中重点讨论过文本信息的问题。从动态的角度考察，景观的信息并非是一成不变的，在时间、自然力、人为因素的作用下，原初的主导信息会增添附加信息（所谓噪声），呈现动态性。这时会存在以下几种情况：

（1）附加信息如果与原始信息毫无关系，起到的是干扰作用，那么可以称之为噪声，如四合院坎宅巽门表达风水意义，后来搭建的棚厦，消解了这种布局，则成为噪声。

（2）如果附加信息与原始信息并无矛盾，而是相互配合，则二者相得益彰，则附加信息亦有价值。特殊情况下，甚至会上升为主导信息，也可称之为"增值"。如：圆明园（图2-1），原初意义今已消隐，而被焚毁的历史信息则十分强烈，且有教育意义，因而不应恢复原状原义，而应保留附加意义。

（3）如果附加信息是作者在创作时有意为之，甚至是刻意表现，使作品在由作者完成后，另由自然、他力添加内容而成，则附加信息与原始信息共同构成作

作者 ⟶ 文本 ⟶ 读者 ⟶ 作品

图2- 1 **附加意义** /
圆明园
图2- 2 **外力表现** /
Best大楼
图2- 3 **文本自足性
结构**

品完整的信息，二者地位是相同的，也可以认为这是设计的一部分。如三峡库区淹没景观展示设计，随着水位上升，淹没过程逐一展示，附加信息逐渐增多，甚至成为主导。这些变化的因素对于景观这种时空转换、演变频繁的艺术形式而言是极为重要的。

（4）作品本身就是意义空筐，是一个召唤结构，意义完全由读者填充，如施瓦茨的里约购物中心（图1-24）。

（5）直接地表现这种外力结果作为意义的内容，可以不属于噪声如 Best 大楼（图 2-2）。

（6）噪声是由于作者功力不足，如观念落后、庸俗，以及对纯净语义之外附加的干扰信息或意识不到、或无力消除。如疏林草地上的热带假动物、不锈钢雕塑等。

2.1.1.2 文本自足性

文本是一种意义自足性结构。接受理论认为，读者对文本的接受过程，也就是对文本的再创造过程。可以说作品是由作者与读者共同创造的，姚斯与伊瑟尔甚至认为是读者决定作品，而不是作者决定作品。

可以认为，一旦文本脱离了作者的掌握，就成了一个意义自足性结构（图2-3），其意义的阐释不再受作者制约。尤其是景观，一旦建成，必然成为公众阅读的对象，作者很难做出导读， 因而文本的自足性更为突出。那么，能够控制或影响读者阐释的只有文本自身，而文本结构自身最终还是制约于作者的创作。因此，为了避免姚斯与伊瑟尔的极端，布鲁斯·瑙曼认为，文本本身是一个决定性结构，决定了作品方向。正如《哈姆雷特》作为文本，读者所演绎出的"一千个'哈姆雷特'"，都具有某些稳定的共性特征。优秀文本都能够控制好结构，引导正确的阐释。拙劣的文本则引人误解、费解。

对于作者而言，为防止误读与曲解，应强化文本结构的传达能力，加强文本结构的指向性，采用语境强化与增添冗余信息等方法来控制或影响读者的接收状态。对于读者而言，应提高期待视野，从而提高解读水平，完善作品的意义构成。

2.1.1.3 文本多义性

景观作品的文本意义有的是单义的，但大多数景观具有文本多义性。

单义的文本认知相对容易，易读性高，语意干扰（噪声）少，语意的传达较为准确，但内容的单一与结构的封闭性，消除或减弱了读者联想参与建构意义的可能性，减少了阅读的乐趣。纯粹单义的例子较少，可以举出较为接近的例子就是天坛，集中于象征语义——"天"，不产生其他方面的联想。但这类皇家景观有其特殊性。对大众而言，单一的意义容易单调、枯燥，文丘里称之为"Less is bore"。

多义性文本最受欢迎，其优点在于多义所带来的丰富感受与参与意义建构的乐趣。詹克斯说："隐喻越多，这场戏就越精彩，讽示得很微妙的地方越多，神话就越动人。"❶ 如朗香教堂（图2-4）引发的多重释义。多义的缺点是容易造成意义的模糊与暧昧，以及作品整体意义的自我矛盾，而导致阅读的无所适从。

因而，一般认为较为理想的标准是"多义且传达无误"。可以有以下几种处理方式：

（1）在意义选择上不必过于局限于一个具体意义，而宜归类成组，如中国园林中"吉祥"意义组包括多子多福、平安如意、龙凤呈祥等信息的共同传达。

（2）在表达手法上，要不拘于象征符号，而是指示，图像符号并用。在象征载体上，文字、色彩、方位、元素等尽量丰富。

（3）在符号与意义的创造上，设置惯用性意义层次为大众所欣赏；同时另设创造性意义层次，以丰富意义强化认知。"就像高迪的建筑一样，它必然由各种符号进行超载编码，它必然是多种含义的，是通俗的，也是杰出人物的，是惯例的、

---

1 查尔斯·詹克斯. 后现代建筑语言[M]. 李大夏 摘译. 北京：中国建筑工业出版社，1986：27

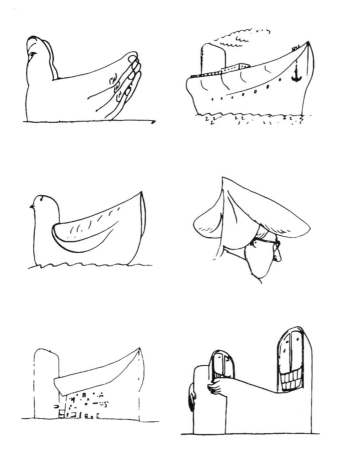

图2- 4 **多重释义** /
朗香教堂

也是奇异的，是直接表意的、也是隐喻的。"❷二元性的多义使不同的人都能参与到
景观意义的建构中来，可以拓展受众范围。

2.1.1.4 文本控制方法

作者若要加强对文本的控制，需要进行语境强化。语境既是一种作者进行编
码的机制，也是读者进行解读的前提。语境强度不足或过多符号语义导致的无序
冲突，会弱化表达的力度。一般情况下，文本控制多采用两种方法：

第一种，也是最有效的方法，是加大信息的冗余度，即增加同一信息的重复
频度，使信息内容强化突出。"一个人能够建立起种种具有高度信息容量的关键
要点，但这必须是在有一定冗余信息的基础上才成。"❸

2 G.•勃罗德彭特等. 符号. 象征与建筑[M]. 北京：中国建筑工业出版社，1991：110
3 G.•勃罗德彭特等. 符号. 象征与建筑[M]. 北京：中国建筑工业出版社，1991：17

詹克斯也认为，"这意味着如果建筑师想使他的作品能够达到预期的效果，并不至于因译码变化而被糟蹋，他就必须用许多流行的符号和隐喻所具有的冗余度，使其建筑物有过多的代码性。"❹

（1）用指示符号、图像符号辅助象征符号来强化意义。如月亮门、瓶门表达出入平安的意义。

（2）用相同语义的不同象征符号来表达。如长寿的意义分别用龟、鹤、松等符号反复强调。

（3）用同一象征符号的不同中介形式：文字、图像、色彩、数字、方位等。如天坛用圆形的图像中介来表达"天圆地方"的意义；同时用蓝色屋顶的色彩中介象征"天玄地黄"。

（4）引入文学手段强化指向，题名、楹联等都是有效手段。

第二种方法属于求异法，即采用相反相成的方法，用其他对比性景观来突出作品的内涵。如卢浮宫的玻璃金字塔，在古典语境中独现新意。

2.1.1.5 文本结构类型

一个景观文本是由符号与符号之间的组织结构（也就是符号系统）共同构成，改变其中一个，整体即会发生变化。景观文本结构按照符号与符号结构的相互关系可划分为四种类型：

（1）有序型文本。景观符号及其结构组织有序，各司其职，文本稳定，封闭，保守，理性，清晰，意义指向明确。这是我们正统观念中的作品意义结构模式。如扬州个园（图1-21），四季假山用四种颜色与形态的石头堆成，象征着春夏秋冬变迁。

（2）多序型文本。景观文本开始走向一定程度的开放，结构仍然具有主导的控制力，意义也有总体的导向，但符号的自足性在某种程度上具有了自由，也具有意义表达的能力，人们的解读从单义变为多义，这比传统作品温和地前进了一步。如摩尔的意大利广场，景观文本整体结构指向对意大利民族与文化的象征；但个别的景观符号如摩尔本人的喷水形象则又可以游离主体之外，产生他解意义，作品意义清晰又丰富。

（3）解序型文本（读者中心秩序型）。前述两种类型中，符号的组织结构是按照作者所赋予文本的意义进行的。从接受理论考察，解序型文本否认作者中

4 查尔斯·詹克斯. 后现代建筑语言[M]. 北京：中国建筑工业出版社，1986：32

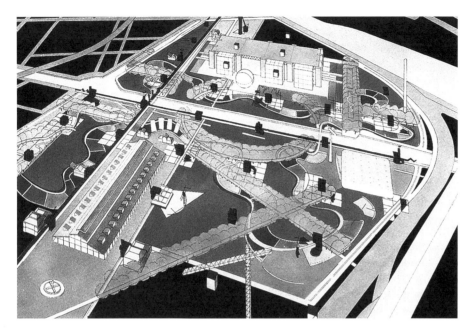

图2- 5 **文本解序** /
拉·维莱特公园

心论和意义的封闭性，试图以无结构（以意义为中心的结构）来释放符号自身表意能力，凭读者的阅读把离散的独立符号群构成一定的意义，这是只有符号与读者，而没有符号组织结构与作者在场作直接导向的作品。但基于读者的阐释能力局限，这种作品如解构主义作品——拉·维莱特公园（图 2-5），很可能难以被读者理解。

（4）无序型文本。符号与符号的组织结构均消失，不存在意义的表达，也就不需要符号与意义结构。前三种文本类型之间有区别，但仍有意义秩序存在，而此种文本则完全没有意义秩序。

无序型文本存在三种状况：

① 作品品位较低，不知该如何表意，只是景观元素的堆积，而出现无序。如随处可见的商品化的"环境雕塑"。

② 作品品位较好，但无意于表意，而在形式美方面较好处理，如构成派、现代主义作品。

③ 作品目的已经从意义的传达升华为景观的艺术审美层面，不传达语义信息，而表现审美信息（意蕴），则不需要任何的意义秩序，不需要带有意义的符号与符号的组织结构。这是由认知结构上升为审美结构。如日本枯山水重点强调的是意境构成而非意义构成。

在上述类型中，有序型与多序型是在景观设计中多见的形式，为大众所接受。解序型较为少见，多出现在较前卫的设计师的个性化设计中，作为某种探索，也是可以进行尝试的。

2.1.2 关联模式

从符号的意义生成角度，我们分析了惯用型象征的约定俗成机制与创造型象征的语境约定机制。这时的符号还只是理论中的一种抽象概念，只是作为具有象征意义的形象中介。景观本身并不是符号，它只是符号的载体，这就需要建立景观载体与符号之间的关联机制。从景观载体与符号联系的角度，可以分析出两类关联模式：指定性关联，类比性关联。

2.1.2.1 指定性关联模式

景观载体形象与符号之间没有必然联系，而由惯用型象征的约定俗成机制，或由创造型象征的作者通过语境约定机制，恣意地将景观载体形象与符号指定为其关联对象，进行转换，题名象征就属于这种类型。

如野口勇在"加州剧本"中，把一堆垒石题名为"利马豆的精神"（图1-23）中国传统园林也有"网师园"、"拙政园"、"鹤所"、"闻木樨香亭"、"五峰仙馆"等题名。

在这些景观中，景观载体自身与符号之间很难看出必然联系，是作者的指定，指引了人们的思考方向。只要使读者能够得到象征意义，景观载体形式本身与符号之间是否贴切就无所谓了，可以"见月忽指"、"得意忘形"。所以这类象征最适用于景观形象比较抽象、难以用具体形象体现意义的情况，如建筑景观。或者是表达的意义比较深奥晦涩，抽象难言，很难认知于具体形象之上的情况，如时间、精神、品格、观念等。

这种符号与意义，人们一般很难弄懂其中的必然联系，但这种费解所带来的思考与多解、歧义、误读，有时恰恰是作者有意为之，使作品的意义呈现为一个开放的集合，不断由读者去填充、补足。更有甚者，连任何指定都不作，作品完全是一个意义自足的召唤结构。如大地景观作品《两块相当无意义的空白》（图2-6）。

这种联系方式的优点就是简便高效，同时可以表征比较深奥的意义，提升景观的品位。其缺点是容易流于牵强随意，令人费解。

在某种意义上，题名象征也可以认为是类比型联系的一种，以名称的共性作为中介，将景观载体与符号相关联。

2.1.2.2　类比性关联模式

在大多数的景观意义表征中，景观载体形象与符号之间的联系是依靠二者间某种相似性作为类比中介建立联系。

类比中介，是类比转换模式中，一种以可供类比的相似性作为景观载体与符号之间的转换中介，使景观载体与符号形象建立联系，故称为类比中介。作者通过类比方法，使景观有了象征意义，读者通过类比联想，完成解读。欧洲被害犹太人纪念碑（图2-7）则用数以千计的混凝土石墩构成语境，引导人们对于墓碑林立的类比联想。

图2-6 **指定关联** /
两块相当无意义的空白

图2-7 **类比关联** /
欧洲被害犹太人纪念碑

符号是一种有内涵的形象，由两部分构成：符号形象与符号内涵。其符号形象要能与景观形象相关联；而其符号内涵又能与景观形象要表征的意义相关联，表征模式如下：

（1）模式A（图2-8）。以狮子林为例。在佛教文化中，狮子作为符号是佛陀的象征。人们从类似狮子形象的山石景观，通过形象中介，首先联想到狮子（这就是符号的形象）。由这些符号形象人们可以领悟到"佛陀"（这就是符号的内涵，属于表层意义的层次）由"佛陀"使人领悟到"佛教文化"的最终意义（这是象征意义的终点，属于深层意义层次）。

在某些情况下，模式A可以简化为以下的模式B、模式C、模式D三种。

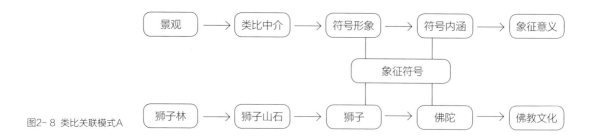

图2-8 类比关联模式A

（2）模式B（图2-9）。在模式B中，可以认为省略了符号内涵，也可以认为符号内涵与象征意义合一，符号内涵就是象征意义，从而符号形象直接关联意义。

图2-9 类比关联模式B

这种模式在表达与形象关系较为密切的意义时比较多见，直白、浅显易懂，如意大利广场（图3-11）。

（3）模式C（图2-10）。可以认为模式C省略了符号形象，也可以认为符号形象与景观形象合一，符号形象就是景观形象，从而景观形象的内涵直接关联意义。在表达与符号内涵关系较为密切的意义时，较为常用，"比德"也属于此类关联。其特点是深奥，隐讳，如用竹子的"虚心有节"的特征象征君子。

图2-10 类比关联模式C

（3）模式 D（图 2-11）。可以认为模式 D 省略了符号内涵及其相关的象征意义，也可以认为符号形象就是景观形象的目的与终点，而景观形象只表述符号形象，而不表述更多的符号形象背后的）意义。我们在论述意义层次的时候，谈到的象形层次的表征，就是属于这种模式，可以称为具象象征，也就是很多人理解的象征，其特点是象形、具象、直观，却没有明确的深层意义指向，但是读者的阐释空间相应的也比较大。

图2-11 类比关联模式D

2.1.3 表征条件

在对模式A分析时，我们可以看到，由景观形象到象征意义之间需要经过三个阶段的类比联想。每个阶段的联想都会有许多可能的方向与结果。要保证这些联想沿着预定的方向前进，前提条件就是有景观语境的外在约定以及读者期待视野（即先在结构，详见2.2.1.3）的内在约定。下面以避暑山庄为例，按照阐释的不同阶段进行分析（图3-8、图3-9）。

第一阶段，从避暑山庄的金山（景观载体形象）到镇江金山（景观符号形象）的类比联想，要依靠形象、环境、题名等的准确表征，形成语境；还要读者具有关于"水漫金山"典故的期待视野，才能使这种类比联想实现，而不会向其他方向去联想。

第二阶段，从"镇江金山"、"长城"等（符号形象）到"江南塞北"（符号内涵）的类比联想，一个条件是要有典型的全面景观构成语境，缺一不可，（如果只有江南景物而没有塞北的景物，则只能属于单纯地对江南景观的模仿与象形）；另一个条件是读者要有对中国版图及地理特征的知识作为期待视野，才能从具体的景观形象群体中抽取出一个内在的整体结构——"江南塞北"，而不是"丰富有趣"等方向的联想。

第三阶段，由仍然属于具象的结构——"江南塞北"（符号内涵）到"天下一统"（象征意义）的类比联想，要置于皇家园林的政治景观语境中；还要读者有对统治者主观意图的认识作为期待视野，才能够从具象的"江南塞北"的景观层面领悟到政治性的象征意义——"天下一统"的意义层面。

在这些环节中，语境是外在保证因素。如果缺乏语境，任凭读者自由发挥，是极难保证碰对答案的；而期待视野则是读者内在的保证因素，如果缺乏期待视野，景观设计得再好，读者也无法联想到答案。二者缺一不可，否则，联想就会产生中断，停留在某一阶段的理解；或者产生歧义，甚至反义，都会使景观设计失败。

2.1.4 中介类型

在类比联系型象征中，类比中介是赋予景观形象以意义的重要转换环节。景观中的类比中介是依靠人们在景观创造过程中不断积淀、挖掘、创设出来的，没有固定的模式，但我们可以通过景观实例来分析已有类型的规律。这些类型有独立使用的，也有复合地使用的。

2.1.4.1 数字中介

人类对数字有一种共同的迷信心理。美国数学家诺伯特·维纳尔指出，数字是真理的源泉，但更多的是将人们引入超现实的境地。在中国传统文化中，数字的哲学意义甚至超越、掩盖了它的数学意义。

伊斯兰园林常常用十字交叉的四条水渠象征天堂的水、酒、乳、密四条河流（图1-37）。

罗斯福纪念园（图2-12），用四个空间环境象征罗斯福总统的四个时期和他宣扬的四种自由。"四"这个数字是这四种时期、四种自由的外在可感的形态，成为景观环境可以进行类比拟仿的符号形象。

数字是无所不在的，很容易通过踏步的个数、植物的数量、建筑层数、高度等方式来表现，但是也因此容易使人感到牵强，或者浅白，不适合作为主导的象征中介。

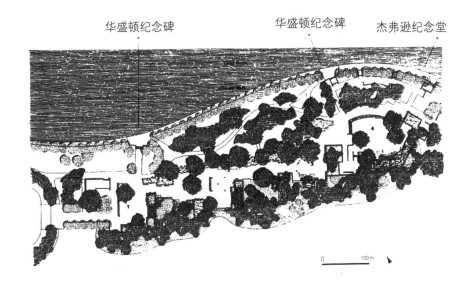
华盛顿纪念碑　　华盛顿纪念碑　杰弗逊纪念堂

0　　　100m

图2-12 **数字中介** /
罗斯福纪念园

2.1.4.2 方位中介

方位是指景观的朝向、内外、偏正、前后等空间方向和体位。方位是人们对空间的认知结果，是空间的一种表现形式。在景观中，方位被赋予等级观念、吉祥观念、宇宙观等诸多语义内涵。凡尔赛宫（图1-40）位于轴线、道路的交汇点，就是用方位来显示权威。

择中布局、轴线布局、四正布局、风水布局等都是方位载体的表现形式。方位作为景观类比中介，比较抽象，除了通俗直观的轴线方位以外，一般人不容易感知到。同时，方位载体较少单独使用，复合使用的情况比较多，与其他方式共同建构语境，完成整体意义的传达。

2.1.4.3 色彩中介

色彩具有象征意义，这种现象可以上溯至旧石器时代，至今仍可见丰富实例，如红色代表喜庆，黑白象征悼亡等。各个民族在长期发展过程中，都逐渐形成了较为稳定、共同的、象征性的色彩观念。如紫藤、紫薇是中国古典园林所喜爱的植物，就是因为道家讲"紫气东来"，所以紫色是吉祥之色。

黑色在各国大多数带有"死亡"之意义，作为景观的象征载体，在纪念类的景观中多为使用，例如越南阵亡战士纪念碑、朝鲜战争纪念碑等，都是用黑色抛光花岗岩作为纪念碑的碑体。

美国帕欣广场（图2-13），用丰富的色彩与墨西哥文化相联系，反映了城市的多民族特征。

2.1.4.4 谐音中介

谐音是最常用的一种转化中介，是通过读音的相似性，将一个形象与另一个同音或近音的符号联系起来。

如"瓶门"，"瓶"同"平"谐音，"平"乃"平安"之意，"瓶门"表达"出入平安"的意思。葫芦形象则可以表达与之谐音的"福禄"的意思（图2-14）。拙政园与谁同坐轩以"扇"形为平面形式，"扇"谐音为"善"。通过谐音进行象征，在现代景观中虽然已经很少见，但并没有完全消失，最显著的现象是对吉祥号码的追逐，中国人现在都喜欢"6、8、9"，而不喜欢"4"，说明通过谐音追求吉祥的心理需求仍然存在。利用谐音进行象征，缺点是牵强浅白，层次较低，但优点是省钱方便，多见于民间。谐音需要在一定语言区域内才能产生，受文化圈的较大制约。

图2-13 **色彩中介** /
帕欣广场

图2- 14 **谐音中介** /
福禄门

图2- 15 **形象中介** /
火山园

2.1.4.5 形象中介

形象中介是指用几何形象或自然形象方式为中介，从符号的外在形式上进行类比的方法。人们对形象最敏感、最容易理解，所以形象中介是占主要地位的中介方式。形象中介可以细分为几何图形、自然形象。

几何图形大多数是抽象的、人工的形象，多数是文化圈所规定的意义。筑波中心的铺地，通过对米开朗基罗的卡比多广场铺地做出的形象类比，传达了对文艺复兴文化的敬意。华盛顿西广场，用城市地图作为图形类比，唤起人们对城市意义的归属与认同。

自然形象是指用自然中存在的形体，如日、月、山、水等。沃克的日本京都高科技中心庭院火山园（图2-15），则以圆锥状的草皮土丘与上植柏树构成的群体，象征了火山，表达了火山成因的主题。

这类象征优点是直观易懂，取象丰富，效果直接，形象鲜明。其内涵受文化圈的制约比其他中介少，易于沟通与认知，受众最多。其缺点是容易使人的注意力集中于其形象自身而阻碍符号背后意义的浮现，进而容易使象征停留在象形层次，缺少内涵，意义浅薄，甚成流俗。

相反，如果形象类比过于抽象深奥，则又难以解读，如天书般晦涩难懂。虽然具象，但也颇费解，除非解读或通告，否则，很难让人直接感受到。

2.1.4.6 结构中介

结构中介就是通过景观整体形象结构的方式来类比，而不是靠单一具体的形象来完成。不在于表面形象的相似，而在于内在结构的相似。

中国古代有"禹贡九州"之说，圆明园以"九州清晏"为中心，周回九岛，来进行结构类比，用以象征"普天之下莫非王土"。

迪斯尼大楼中，格雷夫斯以童话中的七个小矮人的承重结构模式类比了古罗马人像柱的结构模式，在童话象征的大众语义之外，又加入了一层文化对比（古典精英文化——大众娱乐文化）的象征。七个小矮人则属于象征符号的转用，从童话中借取形象（图2-16、图2-17）。

浙江永嘉县的苍坡村，以池象征砚，以石象征墨，以街象征笔，以西山象征笔架，以村象征纸，于是整体结构便可以与"笔墨纸砚"来类比，用来象征文运昌盛。如果只有纸、笔等独立的元素，那是属于形象中介，整体结构的意义——文房四宝的内涵就无从表达。

结构中介比较抽象、隐在。对于创作与解读而言都需要一定的知识背景与探索性的努力，需要具有一定的抽象辨析能力，站在宏观的视点，才能发掘与认知。

2.1.4.7　特征中介

特征不是具体形象，而是事物特殊的征象。但是仍然在人的感知范围之内，景观中用特征作为类比中介，例如比德，已经脱离了具体形态的表层而进入到其深层。因而比其他中介方式更为深刻。特征中介可以分为形态特征中介与内涵特征中介两种类型。

（1）形态特征中介。形态特征是事物的外在形态上所具有的特征，可以以此

图2-16 **结构中介** /
迪斯尼大楼

图2-17 **类比原形** /
古罗马人像柱

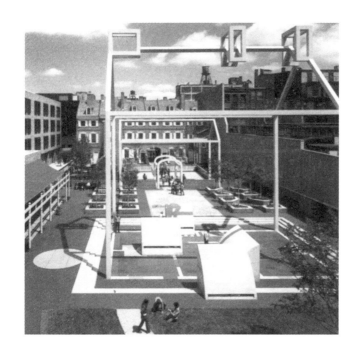

图2- 18 **特征中介** /
富兰克林纪念馆

为类比中介，引出相关联的事物和意义。如竹子"虚心有节"可比喻君子；"残枝败叶"则象征生命凋零。詹克斯用他的私家园林的波动、曲折、叠合等形态特征类比了在《跃迁的宇宙的建筑》中所倡导的宇宙特征。

（2）内涵特征是指事物内在的品质性特征而非实体特征。特征中介类比对象的内涵特征，从而引出意义。

例如比德，就是用事物的特征与人的品格进行类比从而形成比德象征关系。孔子认为自然万物可以与人的道德相联系，其美在于可以与人的内涵相类比。如松竹梅凌冬不凋，品格高洁，乃喻君子。园林中的山水花木因而配以相应的内涵，积淀而为惯用型的象征符号。

在现代景观设计中，内涵特征用做象征中介的方法也较受欢迎。哈普林的罗斯福纪念园，以矮墙、流水塑造出亲切、轻松的气氛，形成空间环境的"亲切"、"平和"、"安详"等特征来类比出罗斯福平易近人的品行特征，与那些以巨门（拿破仑）、巨柱（图拉真）来象征权势的景观产生强烈对比。

富兰克林纪念馆用框架勾勒出一个民居的空间，用虚拟空间做类比，这个空间使人感觉到灵魂永在的意义，是因为房屋空间的"虚空"特征与灵魂的"虚空"特征形成类比，"虚空"成为景观形象的意义中介（图2-18）。

美国景观设计大师彼得·沃克注重对宇宙大自然等神秘事物的表达，他采用的主要方法就是通过景观中的特征，例如喷泉、雾、光线、水声、风声等景观元素的"缥缈神秘"、"变幻不定"、"可望而不可即"为特征中介对自然加以类比来表达意义。

以特征为中介，超越了文化的即有约定，许多景观的意义已经不是外在附加的，而是其自身所固有的，无论是内涵特征还是形态特征，都是与具体的景观形象本体为一体的，形象与意义之间已经超越了"意符关系"而具有了"质形关系"，离开形象则其意义的感知便受到影响。

景观形象所表达的，已经不完全是对明确的意义的认知，而是加入了对宽泛的意味体会。已经多少具有了艺术审美的内容，因而可以认为是从认知性表征向审美性表征演变的过渡形态。特征所蕴含的意义较多地指向人类共同的永恒主题，例如生死、命运、性格、宇宙等，通过这种方式的象征，更显得深刻而不肤浅，但是创作与理解难度同时加大。

2.1.4.8 本体表征

景观中存在着一种迥异于其他艺术的本体象征，即景观载体就是形象中介本体自身，景观本体直接进行符号象征，而不必模仿或者类比其他符号。

景观与其他艺术门类（如文学、绘画、建筑、雕塑等）的最大区别在于，其他艺术门类只能通过虚体形象（彩绘、文字描述、雕刻）来表达，而景观可以直接用真实的实物本体自身直接陈述。以梅花作为符号为例，在文学、雕塑、绘画、建筑、室内等领域需要借用语汇、雕刻、绘画、铺地载体等来表达；而在景观之中，直接用梅花本体自身来象征，这正是其最擅长、最本质的象征方式。

景观本体如植物、山、水，自身即含有象征意义，不像其他手段那样受功能、技术、美学的制约，因而最为贴切。这种象征多见于惯用型象征，因为共同的意义约定而被作者和读者所共识，公共的约定意义则随之丧失。例如，在拙政园梧竹幽居旁种植的梧桐，古来被看做是圣洁之树，可以引来凤凰，招至吉祥，现代人就很难理解这层意义。

如果作为个人化的独创型象征，景观符号的意义只能由作者进行规定，才有了象征意义，但不一定为公众所认识，如施瓦茨的面包圈花园（图2-27），其中的面包圈作为本体性象征符号，它的意义是由作者指定而且是私有的。如果不被告知，读者的象征性阐释的意义可能是多种多样甚至可能是相互矛盾的。

2.2 景观读者的阐释

接受美学把读者的地位由从属提升为主导，甚至超过了作者与文本自身。例如，伊瑟尔在《接受美学》中将作品划分为未定性文本和读者具体化部分，他认为读者的具体化是第一性的，而未定性文本是第二性的。这也许有些极端，但在强调读者将文本阐释为作品这一过程中的建构性作用这一要点上，是颇有价值的。

2.2.1 意义的获取方式

2.2.1.1 作者释义

即作品的意义来源于作者亲自的讲解。这种方式对于把握作者的意图是最简洁直接、准确无误的。如莱特解释的教堂与手掌原型的关系（图2-19）。

但这对于作品自足性与多义性具有很大局限性，人们的联想被阻碍，作品意义缺少丰富性，缺少了个人参与建构的快乐。

严格意义上说，这种方式不属于对作品的欣赏与阅读方式。

2.2.1.2 习惯性认知

对于惯用型象征中的固有意义，人们会自然而然地按约定俗成去认知，如"荷花——君子"。

图2-19 **作者释义** /
麦迪逊礼拜堂

对于重构型中能够分辨出的或联想到的惯用性符号原型，人们可能忽略作者重构的意图，而将之还原为惯用性符号，仍用约定俗成方式去认知，这里涉及重构符号的变形度问题。变形少易被还原，未达到意图；变形大则不为认知，与原型符号脱离，也不好辨读。

2.2.1.3 他人阐释

这种对意义的阐释不是作者本人，而是评论家以及起到评论家作用的其他读者的评论与阐释。詹克斯认为"由于建筑和其他符号系统一样，可以随意作出新解释并对无意的甚至相反的意义进行解译。因此一个评论家的真正职责就是揭示它们的意义。"❺这种阐释方式对于读者扩大思路，把握意义方向是很有帮助的。

2.2.1.4 读者的象征阐释

阐释是对意义的解释与阐发，是一种建构性的主体行为。意义的阐释有多种方法，而象征性阐释是人类最基本、最普遍的阐释方法之一。

象征性阐释即在对景观作品的阅读过程中，不管作者是否运用了象征手法，作品是否包含象征意义，读者都会自行站在象征的角度，以象征化的阐释行为，去探寻、挖掘或赋予作品一个或多个、或雅或俗、或正或反的象征意义。

正面的象征联想有助于丰富作品的内涵，增加人们的体验与乐趣，如悉尼歌剧院，人们象征化地联想为风帆、贝壳、浮云，凭空增添了几分诗情。

负面的象征联想则对作品产生不利影响。如中国人会把景观中的土丘阐释为坟丘（图2-20）；把中国国家大剧院联想为蛋（英文blob，是国际上权威的建筑专业杂志《建筑学评论》形容安德鲁设计的用语）。

最极端的例子是赫尔曼•赫兹伯格的阿姆斯特丹老人之家（图2-21），本是功能成熟的设计，却"栽"在形象上的漫不经心：使人联想到放在白色十字架之间的黑色棺材，不幸至极。詹克斯对此总结说："越是出色的现代派建筑师，控制意义的能力越差。"❻

这类问题大多出在作者对读者的象征性阐释能力与必然行为没有清晰认识与足够重视。阐释的力量是巨大的，有时足以改变设计。例如，上海环球金融大厦

5 查尔斯•詹克斯. 后现代建筑语言[M]. 北京：中国建筑工业出版社，1986：14
6 查尔斯•詹克斯. 后现代建筑语言[M]. 北京：中国建筑工业出版社，1986：14

图2- 20 **负面误读**/
拜斯比公园

图2- 21 **意义相悖**/
老年之家

图2- 22 **网络阐释**/
上海环球金融
大厦原方案

图2- 23 **阐释之力**/
上海环球金融
大厦

（图2-22、图2-23），顶部洞口由圆形改为梯形，是因为许多中国民众把原设计方案阐释为是两把日本刀架着日本国旗中的日之丸，而抵制其建立，压力之下设计只好更新。这一过程，其实体现的就是阐释的力量。

2.2.2 阐释的人类学基础

象征理论认为，象征不仅仅是一种表达方式，更是人类的基本的思维方式与生存方式。

象征作为表达方式，是因为人类的有限语言与丰富体验之间的矛盾，必须通过象征等方式突破语言的限制，达到交流目的。

象征作为思维方式，是通过想象和情感体验把握对象的隐秘内涵的心理过程，即黑格尔、波德莱尔等人认为的形象思维。

象征也是生存方式。拓扑心理学认为，人的心理活动是在心理场内进行的心理紧张系统的活动。这种运动趋向于人与环境紧张关系的缓和与解决，这主要通过两种途径：以实践行为达到目的；或通过象征获得替代性满足。三个层次有机结合构成了象征体系。象征伴随人类文明根植于人类心灵，人人生而会用这种象征方式去生活，去思维，去表达，必然也会去对景观作品做象征性的意义阐释。这已经是人类的本能行为。

2.2.3 阐释的心理机制

读者的象征阐释行为的心理基础是"期待视野"。"期待视野"是姚斯创始的接受理论的主要概念，源于海德格尔的"先在结构"、"理解视野"以及伽达默尔的"成见"等概念，是指"在阅读一部作品时读者的阅读经验构成的思维定向或先在结构。"❼

这种"先在"的"前结构"在瑞士心理学家——发生认识论创始人皮亚杰那里得到了证实。皮亚杰通过大量的科学研究，提出了著名的认知发生过程公式："$S\rightleftharpoons AT\rightleftharpoons R$"。S是客体刺激，T是主体认知结构，A是同化作用，R为主体反应。公式表明，认识活动不是读者的消极、被动地接受行为，而是一种在认识结构（T）与客体刺激（S）交互作用下的主动反应。T是主体认识结构，即接受美学中的"期待视野"或"前结构"，在很大程度上制约着（或引导着）主体的反应强度或范围。❽

景观中的象征阐释行为属于众多认识方式中的一种。"期待视野"（T）中，象征范畴的内容（关于形式及其象征意义的诸多知识与经验）占据了较大比重，从而引发了读者在象征方面的联想反应。这说明，象征阐释行为是一种必然行为，但也超不出现实的范围，只不过受"期待视野"（如：文化素养、职业、学识、品位、经验等）的制约，如把哈普林的演讲堂前庭广场类比为"城市山水"，把网师园（图2-24）等传统园林比作芥子纳须弥。所以，对一个景观的良好的意义阐释，需要作品具有良好的文本结构，同时也需要读者具有良好的"期待视野"。

2.2.4 阐释的类型

按照读者"期待视野"的状态，阐释活动主要有重构型与建构型两种基本类型。

---

7 H·R·姚斯R·C·霍拉勃. 接受美学与接受理论[M]. 沈阳：辽宁人民出版社，1987：7
8 邱明正. 审美心理学[M]. 上海：复旦大学出版社，1993：7

2.2.4.1 重构型阐释

即读者将作者或他人给定的解释作为自己的"期待视野"基础，重新对作品意义加工、重构。重构中有先在意义的影响或暗示，故而可以接受作者的指引，走向作者预期的方向。这是作者能够影响读者的主要方式之一。

在有题名、对联、命名、纪念主题的景观中，如沧浪亭、加州剧本（图2-25）等，读者的意义阐释多属于此类。其优点在于能打破读者原有"预期视野"局限，提升读者的视野与品位，在指引下作出相应阐释。其缺点是，有可能局限读者的视野，导致阐释行为受到制约，意义的生成变得单一乏味。

2.2.4.2 建构型阐释

如果进行了良好的意义设计，读者就有可能在自己原有的"期待视野"上，直接从景观作品中阅读出其中的内涵，而不必经过作者或他人阐释。这属于主动性建构活动，是阐释的最佳状态，但是难度较大，一般多需要语境指引来完成。

目前大多数景观的阐释活动都属于建构类阐释，那是因为大多数读者没有对作品赋予意义，如悉尼奥林匹克公园喷泉（图2-26）；或作者没有释意，如面包圈花园（图2-27）。同时由于景观评论家的缺席，意义的建构只好任由读者自行完成了。其优点在于意义的丰富性，即使作者没有意义要传达，读者也会为之贴上个人的见解。其缺点较为明显：

（1）意义混乱。阐释出来的意义如果丰富到极端，便是混乱，导致真正意义的湮灭。

（2）阐释空白。过于自由的阐释空间反使人无所适从，无所依据，导致结果生成的困难。

误解、歪曲、戏谑、嘲讽、曲解与误读是读者自发阐释的必然结果之一，在接受美学中是允许的，它可以丰富作品的意义，但因不受作者控制，可能会造成更多的负面影响。

若要避免上述缺点，一般希望通过作者的主观意识及相应手段，加强语境指引，使建构型阐释转化为作者可以介入的重构型阐释。

图2-24 **期待视野** /
网师园

图2-25 **重构阐释** /
加州剧本

图2-26 **建构阐释** /
悉尼奥林匹克
公园喷泉

图2-27 **建构阐释** /
面包圈花园

2.2.5 阐释的特征

（1）阐释行为的必然性。前面已经论述过，象征是人类基本的生存方式、思维方式、表达方式，因而对景观的象征阐释是人类的必然性行为。

（2）阐释行为的普泛性与差异性。象征是人类共有的表达方式，世界各地、各时代的人们运用象征方式进行阐释的行为都是相同的，具有跨时空、跨文化的普遍性。但应注意，在不同文化圈中由于约定俗成的不同，阐释内容可能是不同的，存在着较大差异性，这就要求我们要注意顺应特定读者的"期待视野"，特别是民俗、禁忌类内容。

（3）阐释行为的主动性。读者有寻求意义的需要，其阐释行为是积极主动的，而不是被迫与强加的。因作者该加以顺应、利用、引导、这种主动性，使设计作品的内在意义更充分地表达出来，甚或得到充分的丰富与拓展。

（4）阐释行为的动态性。由于"期待视野"是一种动态的开放结构，会随时间的推移而变化，同一个人，对同一作品的阐释，在不同时间会出现不同的阐释结果，表现出阐释行为的动态性特征。

（5）阐释行为的自由性。在象征阐释中，景观形象与阐释意义之间呈现出一种自由性、恣意性的关系，这是象征符号的非本义性所决定的。同时，在阐释过程中，读者是不被约束的，具有很大的自由度。联想可以随意，不需要必然的理由，可以选择听取作者、他人的阐释，也可以闭耳不闻、闭门造车。

其优点是可以突破某些"权威阐释"的垄断，纠正阐释过程中的盲从性偏离。而这种难以控制的自由却是令作者常常头痛的一个问题。

（6）阐释主体的大众性。象征阐释是人的基本阐释行为，应用的门槛比其他专业性阐释为低，因而为大众所广为使用，呈现出使用主体的大众性特征。专业作者为大众中的一员，也不能脱离人类的共性，象征阐释依然是其基本认知行为之一。

（7）阐释内容的通俗性。象征阐释由于应用的主体多为大众，基于大众的经验与品位，阐释的内容多数通俗易懂，流传容易，很多人乐于通过这种通俗性的阐释活动获得景观阅读体验与乐趣，谓之"喜闻乐见"。某些阐释难免流于庸俗，但庸俗的阐释多来自庸俗的作品，如随处可见的十二生肖作品。

（8）阐释内容的层次性。由于读者素养的不同，阐释有不同层次的结果。品位高者其释意"雅"，反之则俗。对于专业工作者而言，由于专业的关系，其阐释可能不会止于基本的象征阐释，还会融合其他方法去阅读，如在技术层面的专业性阐释，会形成不同层次的阐释结果。

（9）阐释内容的不定性、丰富性。由于不同人的"期待视野"、"前结构"还存在着差异，阐释的结果是丰富多彩而不稳定的，呈现出不定性与丰富性。知识广泛、经验丰富者，其释意较多，反之则单一。但不稳定的阐释的结果积得越多，越可能偏离作品的本意。

（10）阐释取向的可引导性。由于"期待视野"、"前结构"的结构开放性，作者可以通过积极的象征意义设计，以及语境的共时指引，影响、引导读者的阐释取向，这对于景观创作是非常重要的。

2.2.6 景观设计策略

通过前述对阐释机制的探讨，我们可以看到，若要对这种自由的阐释行为加以影响，应该注意把握下述原则。

（1）建构意义。作者应该主动对景观作品进行意义层面的设计，以满足读者的精神需求。文丘里、詹克斯等人的二元论主张，实际上就是考虑如何满足大众在意义层次上的需求。如果作者在设计时考虑到意义的创造，并采取适当的表达方式，读者是能够按照作者的意图方向进行相对适当的阐释的，可以生成正面的象征内容。但应注意作品的品位。优秀的设计，即着想于大众，但又不止于通俗，更不能媚俗，应在不同层面都能为人们所欣赏。

（2）语境指引。对于意义埋藏较深、不易阐释的作品，可以通过"语境指引"影响读者的"期待视野"，共时性地加强作者意图传达，作者的解释与读者的阐释、阅读行为共时存在，加强作者不在场时的发言权与影响力，指引读者的思考方向。

"期待视野"是读者自身既定的，但却不是封闭结构，所呈现的开放性容许作者、他人对之施加影响。作者可以如导游一样把自己的"解说"溶于作品中，共时地进入读者的"期待视野"，同时利用语境中大量的相关冗余信息的反复出现，对读者产生强化指引的影响，使之按照作者希望的方向进行"重构型"阐释。

中国传统园林在"语境指引"方面有独到之处，作者不停留于客体文本结构的创造，而进一步介入了主体的接受环节，在景观作品中添加"指引性"措施，不仅仅是避免了误读、曲解，更是极大地提升了作品的品位，丰富了作品的意义。其方法集中体现在"文学"手段的运用上，丰富的题名、对联、诗文，弥补了景观语言的表述欠缺，丰富并指引了读者的想象空间，如："狮子林"对佛教渊源的强调（图1-38）、"濠濮间"对庄周避世闲居的暗示等。意大利广场则通过：命名、地图、柱式、拱券、喷泉等语境中大量的相关冗余信息的反复出现，强化了意大利文化的主题（图3-11）。

（3）顺应读者。即顺应特定读者的"期待视野"，特别是民俗、禁忌类内容，避免引发其中的消极内容的反映。每个读者的"期待视野"不同，难以捕捉。但一个读者群体，如一个文化圈内的大众，其"期待视野"中有许多文化圈内形成的共同内容，是有规律可循的。最典型的就是由约定俗成的惯用性象征内容，如色彩、数字、方位等。因此，要多了解特定地域的历史、民俗、禁忌、民族文化、宗教信仰、道德观、价值观等敏感内容，在设计中要慎重处之，要注意设计"入乡随俗"，否则易"水土不服"。尤其在形象的类比方面，应尽量避免可能产生的不利联想，如哈格里夫斯设计的拜斯比公园中的土丘景区在中国极可能被阐释为坟丘（图2-20）。

（4）公众参与。在景观设计过程中，如有可能，可采用"公众参与"的方法，通过公众的视角，去审查、检讨作品的可能阐释，从而避免失误。

通过上述对景观中的象征阐释行为进行的系列分析可以看出，这种阐释是一种具有创作性质的意义的重构与建构行为，景观作品只不过是一个外在的"刺激信息"，作品意义的阐释权还在读者手中，读者的这种"创作性"地位应给予足够重视。

对于作者来说，景观的象征阐释行为是一个不容回避的现实，需要给予足够的重视，即使主观上不想做意义的传达，也要避免客观上被曲解的负面结果。说到底是设计的伦理问题，不在于设计的功力，而在于设计的观念。造成曲解与误读的原因可能有很多因素，其中，设计者对大众精神需求的有意无意地忽略，对读者阐释行为的轻视与无知，要负主要责任。但仅仅为防止自己作品的曲解与误读是不够的，景观设计更重要的是为大众提供包括精神层面在内的人性的设计，我们应该还原景观的人本本义，这是那种所谓的明星们的自大、诡奇、神秘的设计导向，以及商业炒作性的个人机巧的自我表现所不屑的。而所谓专业性、纯粹性，只不过是将大众的人性拒之门外的无能的托辞。真正优秀的景观作品，可以为不同层面的人们所欣赏。满足于景观元素的堆砌，局限于视觉美感的把玩，必然会得到现实的不留情面的回应。真正严肃的专业探索，是不会自绝于大众的基点。

所以，我们应该立足在为大众设计的观念基础上，把读者纳入到景观意义的创造与传达的整体系统中来，对读者的包括象征阐释在内的各方面精神与行为需求予以真正重视与深入研究，重新考察完善我们的设计体系，推动景观学科的发展。

图片索引

图2- 20 负面误读／拜斯比公园.王向荣，林箐. 西方现代景观设计的理论与实践[M]. 北京：中国建筑工业出版社，2002.

图2- 21 意义相悖／老年之家.查尔斯·詹克斯. 后现代建筑语言[M]. 北京：中国建筑工业出版社，1986：15

图2- 22 网络阐释／上海环球金融大厦

http://images.google.com.hk/imglanding?q=%E4%B8%8A%E6%B5%B7%E7%8E%AF%E7%90%83%20%E5%9C%86%E6%B4%9E&imgurl=http://www.lh168.net/bbs/images/upload/2007/08/28/101307.jpg&imgrefurl

图2- 23 阐释之力／上海环球金融大厦

http://image.baidu.com/i?ct=503316480&z=3&tn=baiduimagedetail&word=%C9%CF%BA%A3%BB%B7%C7%F2%BD%F0%C8%DA%B4%F3%CF%C3&in=12480&cl=2&cm=1&sc=0&lm=-1&pn=19&rn=1&di=5263815975&ln=373&fr=&ic=0&s=0&se=1&sme=0

图2- 24 期待视野／网师园.刘晓光摄

图2- 25 重构阐释／加州剧本.王向荣，林箐. 西方现代景观设计的理论与实践[M]. 北京：中国建筑工业出版社，2002：182

图2- 26 建构阐释／悉尼奥林匹克公园喷泉.

王向荣，林箐. 西方现代景观设计的理论与实践[M]. 北京：中国建筑工业出版社，2002：265

图2- 27 建构阐释／面包圈花园.（英）安德鲁·威尔逊.现代最具影响力的园林设计师[M].昆明:云南科技出版社，2004：62

03

3.1 当代景观认知创作的问题

3.1.1 意义缺失问题

当代中国景观创作中存在着严重的意义缺失。一方面是由于传统景观设计教育中的缺陷，消解了景观设计师对意义表达的热情和愿望；另一方面也是由于大量繁重的设计任务使景观设计师无暇顾及隐藏在功能、技术、形式之下的意义表达。

这种意义缺失的后果就是景观作品缺乏深层内涵，景观只是满足人的生理需求的技术工具，而没能够达到人的精神需求层面，这才会出现读者自发的象征阐释活动，才出现了诸多曲解与误读问题。

解决问题的根本途径是在景观设计教育中重视对意义的设计，为景观设计师建立意义设计的观念。同时，景观设计师要在继续教育中，注意意义创作，并通过自身的提高与完善，努力改变目前的不利状况。

3.1.2 意义品位问题

景观意义要有品位，这是决定作品优劣的关键。品位在不同时代、不同地域、不同文化都有不同的标准。这里不作深究，只分析一下意义创作的一个显著的品位误区——"意俗"的问题。

景观意义具有普遍价值的同时，也相应地容易伴随一个重要负面问题——内容的"庸俗化"，即"意俗"，这也是造成目前一部分人对象征偏见的原因。不是表征方法本身的过错，而是应用者的原因。虽然景观象征是为大众服务，但这并不意味着"雅俗共赏"之俗要与"庸俗"等同。景观意义的来源，特别是惯用型象征的意义，多源自约定俗成，在很大程度上带有大众文化的烙印，必有精华与糟粕之别，所以我们在意义的选取上，就应有所取舍。

如古代的"加官晋爵"、"马上封侯"等表达对于仕途的追求；现代的"阴阳"、"八卦"、"太极"图案的滥用；天安门、华表等的仿建，"奋起"、"腾飞"、"宇宙"等雕塑，流俗者甚众。形式花哨，难掩品位陋鄙。此外，对于外来文化不加分析的模仿，甚至顶礼膜拜，卑躬屈膝，如全国各地的巴洛克大广场、模纹花坛、凯旋门、山寨版天安门、纪念碑式的巨构建筑，也是"意俗"的表现。

　　"意俗"的景观，在所要传达的意义选择上出现了"流俗"或"媚俗"。流俗者，品位不高，自身俗者使之；媚俗者，气节不高媚俗者使之。

　　消除"意俗"，需要提高作者自身的品位与素养，使其具有良好的鉴赏力。同时需要良好的职业操守，对项目委托人的粗俗创意要"好言相劝"而非"曲意迎和"，甚可"道不同，不与为谋"。

3.1.3　形式品位问题

　　与意义缺失或"意俗"的问题不同，有许多景观考虑了意义的设计，但在具体的景观载体的形式处理上出现了"形俗"的问题。

　　所谓"形俗"，是指只重视象征符号的意义传达而不重视象征符号的形式，可谓"得意忘形"，造成形式上的庸俗，直接影响到意义传达的效果，通常存在以下几种情况。

　　（1）牵强附会。所用象征符号难以表达准确含义，如很多景观方案用太极为广场铺地图案，明为吉祥，实为不敬。

图3-1　**形意皆俗 /**
北京某酒店

　　（2）违背客观规律。只为表意，不顾景观的自然条件、技术、经济等内在规律，强作硬为。如在干旱缺水地区大量建造水景表达"小桥流水人家"；人工开挖水系打造所谓"塞外江南"等。

　　（3）语境不合。只考虑自身语义的适度表达，形象自身也可，但对所在环境产生破坏，如香山某饭店，自身或可称佳作，但就占山毁林一点，即为媚俗之举。

　　（4）"形意"皆俗。这是集"意俗"、"形俗"之大成者，言语粗陋，俗不可耐。如北京某酒店，以"福禄寿"为意义目标，本已俗气非常，却又违背建筑的结构逻辑，把建筑做成具象的雕塑形式，构成当今社会文化写照的异样风景（图3-1）。

　　针对这种现象，著名策展人侯翰如在接受《新周刊》采访时说："我想很不幸的是现在（中国）绝大多数所谓的公共艺术作品是非常陈旧、非常庸俗的装饰，一些很廉价的象征物。"❶

---

1 宁二. 公共艺术中的"私人问题". 新周刊[N], 2004（3）：14

3.1.4 表征方法问题

有许多景观设计师考虑了景观意义的问题,但是怎样把意义转换为具体的景观形象却存在难度,这反映了设计师对于表征方法的生疏。

由于传统文化的断裂,中外传统园林中丰富的象征符号库与多样的表征方式没有被大多数的景观设计师所了解与掌握,因而无法从公共的符号库中选取现成的符号与表征方式;而对于创造自己的符号与表征方式又缺少相应的方法。这就造成了在需要应用表征时,精彩丰富的创意却找不到合适的手段,陷于眼高手低的困境。在迫不得已的情况下,只能勉强抓到一个并不恰当的符号、表征方式来凑合。

造成表征方法生疏问题的原因,一方面是景观理论研究缺乏足够的研究成果;另一方面是教育中没有相应的教学内容。

3.2 意义的确定与组织

景观认知性表征的创作是一个从概念生成到以形式表达概念的过程。其程序一般是由意义的确定与组织、象征符号的选择、中介的确定、载体的设计四个基本环节构成。

3.2.1 意义的确定

我们对景观认知性表征的意义以及意义的题材类型在2.2.2已经讨论了。这些意义题材具有时间、空间上的普遍性，是大多数人共同关注的内容，容易获得广泛认同，属于公共题材。还有一些属于个人化的意义题材。这些意义题材可以表达景观作者的个人思想，或小群体的私有观念。

两类意义题材在景观设计中都是可以采用的，只是要注意题材应用的具体语境要求。

对于公共性景观，许多景观的性质已经决定了它所要表达的意义方向，如凯旋门等纪念性景观、天安门广场等政治性景观。在大多数情况下，选择公共性题材会受到普遍认同，但过多出现的雷同主题，以及常见的表达方式，会使人感到乏味，缺乏个人化题材的独特性和新鲜感。在某些场合，景观作者也有一定发挥个性的自由空间。

对于私有性景观，可以选择的题材一般不会受到限制，立意者往往是欣赏者自己，可以自由发挥。当然，由于公共题材也包含了许多具有普遍价值永恒主题，在许多私有景观中，这些公共题材也常常是表达的主题，但往往带有个人理解的色彩，并采用创造型象征的表达方法。所以，从题材上讲是公共题材，但从象征表达上却不落俗套，新意迭出。如詹克斯私家花园，表达的是最古老的宇宙题材，但具体的题材阐释却是宇宙跃迁理论，自成一派。从具体的景观形态上，也是独树一帜，颇有创意。

3.2.2 意义的组织

景观的象征意义的组织，如同写文章一样需要有章法。同一个景观，可能有多种不同的意义存在，这些不同的意义之间，主要是处理意义的主从关系与层次关系，才能共同构成有机的意义系统。

（1）主从关系。一个好作品，不应该是众多表征意义的集锦似的大杂烩，而是要分清主从，主题明确。例如留园、拙政园等古典园林，其中也有吉祥、善恶、君子等主题，但是对隐逸文化的表征还是占主导地位的。

这种主从关系是借助于不同景观的形象在景观中的主从地位所决定的。以留园为例，主导地位的景观：涵碧山房、濠濮亭、鹤所、小蓬莱、闻木樨香轩等主要景点都是在表征闲居、自然、寻仙、向佛等隐逸内容，表达着园主的个人主题。而在铺地、窗格、门洞等次要景观部位，用来表征长寿、吉祥、圆满等通俗的意义。

（2）层次关系。从上面的例子中也可以看出，只有主导的意义层次较高，才能够使景观作品整体上呈现出品位高雅，例如人生观、宇宙观、历史观。而次要的象征意义则可以通俗一些，如招吉纳福、耕读传家、避邪求吉等，兼顾各种题材以及不同读者的需求。所以，在整体上要把握层次关系。

（3）并置关系。在局部处理上，相同层次的从属意义之间可以相对独立、松散、自由发挥。例如福、吉、寿等，相互之间的关系一般不必过分紧密，可以不分先后，分散独立。

3.3 符号与语法的选择与创造

确定了要表达的意义内容，下一步就是要寻找合适的符号把抽象的意义转换为具象可感的符号，如用玫瑰符号象征爱情的意义，这时玫瑰只作为符号，载体的形式可以是照片、绘画、雕塑、文字，也可以是活体玫瑰，尚不确定。在这一步骤中，只需要完成意义到符号的转换。

在1.2节中，我们从符号的生成角度，把景观中的认知性表征分为两种类型：惯用型象征与创造型象征，同时也分析了相应的景观符号的选择与创造方法，可分为"选词选句"、"选词造句"与"造词造句"。

（1）"选词选句"。如果运用惯用型象征符号，实质是在公共的象征符号库中选择与要表达的意义对应的符号，然后进行符号的组织，这属于"选词选句"。这类象征符号库有些是表现为日常生活中口传心授的惯用方式，但没有确定的文字记载，这需要通过景观作者的悉心学习与挖掘才能够掌握，这种符号库对于快速应用是有难度的，但却最有生命力、最鲜活、最切合语境。

还有一种成型的象征符号库，就是人们整理出版的图书典籍，如《中国象征文化》、《世界象征辞典》，可以查阅选择。这是一种方便快捷的应用方式，但常常因为整理者的时间、空间距离与误解，容易变成脱离具体语境的文言文。

（2）"选词造句"与"造词造句"。如果在现有的象征符号库中没有合适的"词汇"可用，这就需要"选词造句"或"造词造句"。运用创造型象征符号，就需要有一个创造自己的符号库的工作过程，这是一个充满艰辛与快乐的过程。艰辛在于符号既要使自己满意，又要使他人能够理解；快乐在于创造的过程，符号本身就是值得欣赏的成果。

施瓦茨设计的"拼合园"，将传统的日本园林与现代西方园林各取一半，并置在一起，这是重构性创造型符号，表达出新的意义。

克里斯托的包裹艺术也是将原有符号重新改造，产生全新的景观意义（图3-2）。

在象征符号的选择与创造环节，关键是符号能够准确地表达意义。例如，某大学死难学生纪念碑，将传统柱式斜切分解为柱头与柱身两部分，采用类比方法，用"头身分离"的形态特征类比学生的死，这是独创性符号；用古典柱式比喻学生为"精英"，这是惯用性符号；整体比喻的是"精英逝落"，这是复合性符号。符号的选用、创造、组织都极为贴切，言简意赅（图3-3）。

图3-2 **重构符号** /
包裹柏林议会大厦

图3-3 **建构符号** /
死难学生纪念碑

3.4 中介的确定与组织

3.4.1 中介的确定

在确定了要具体应用的象征符号之后，下一步就是如何把这些符号与现实景观载体联系起来，这就需要一个转换中介。我们在2.1.2中，探讨了两种关联类型，指定型与类比型。指定型关联转换具有恣意性，较为随意，没有过多的约束。最常用的是类比型关联转换。它通过类比中介，把象征符号与景观载体合乎逻辑地联系起来，因而被广泛认同。

类比中介，是这个转换过程的关键。常见的类比类型有数字中介、方位中介、色彩中介、谐音中介、形象中介、结构中介、特征中介等，详见2.1.4。景观的类比中介是依靠人们在景观创造过程中不断积淀、挖掘、创设出来的，没有固定的模式，它不仅限于上述已有类型，只要可以被人的知觉所觉察的形象，都可以承担这种中介的作用。

3.4.2 中介的组织

上述中介方式在具体的景观设计中，不都是单一使用的，复合运用能够更加多层面强化主题，表征意义。中介方式的复合运用常见的有三种情况。

一种是两种或两种以上中介形式并置于同一载体之上，互相作为语境指引，共同发挥作用。例如，一池三山，数字中介"一、三"，与结构中介"池中山"共同发挥作用，才能表达出"东海三山"的意义的关联。

再一种形式就是多重中介并置于同一载体之上，各自表达互不相干的意义。这一类最为多见，表现出景观中意义的丰富性。如北京的故宫与景山，用方位中介的形式，将山压在元朝的宫址上，象征"压胜前朝"；又用结构中介，结合方位中介，将山立在宫殿的北面象征玄武，与金水河形成了关于吉祥的风水结构（图3-4）。

复合中介应用的优点在于，形象类比具有直白易明的优点；结构类比可以广泛关联相关的含义；内涵类比可以表达深层的语义。复合使用，可以避免单一使用造成的或浅薄无味，或深奥难解，而且能够较全面地照顾各层面的欣赏需求。复合中介能够提供各层次的丰富的信息容量，召唤读者不断地进行探寻。布里昂家族墓地中，红蓝色双圆环相交叉，象征布里昂夫妇无可分离的婚姻（形象中介＋结构中介＋内涵中介），双棺相倾象征彼此的关爱（形态特征中介），拱顶庇护象征来世之居（形态特征中介）（图3-5）。

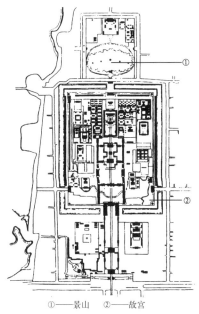

①——景山　②——故宫

图3-4 **中介并置** /
故宫与景山

图3-5 **中介复合** /
布里昂家族墓地

3.5　符号载体的设计

3.5.1　中介与载体的转换

在确定中介方式之后，就需要寻找合适的景观载体，来承载这个中介。能否直接用景观载体进行表达，还要视具体情况而定。对于数字、方位、谐音、特征、色彩、结构等抽象型中介而言，自身的抽象性、简洁性使之直接用载体表达即可，不必有形象中介的再转换问题。对于形象中介而言，有两种情况：

最直接的是中介与载体合为一体，也就是本体型载体，可以直接用本体载体表征中介而不必要进行转换。例如，如果要用荷花"出污泥而不染"的特点表达君子品格，就可以在池塘中种植荷花来进行象征。

除了本体型载体以外，载体如果要直接表述形象中介的形象，则存在较大的难度，主要原因是，形象中介本身的具象性细节，很难用载体全部表达出来。从应用角度看，也没必要十分的写实。一是写实性的形象很容易成为象形层次的表征，过于具体，过于直白，缺乏意义阐释的空间；二是成本过高；三是从象征传达的角度，中介只是一个过渡，只要能够将形象与意义联系起来，中介表达得是写实还是写意就无关紧要。即所谓见月忽指，得鱼忘筌。

因此，对于形象中介，往往要以之为原型中介，进行适度的变化，生成为载体要表达的形象，可以称之为实际中介，原型中介则隐藏在实际中介之后，需要通过读者的联想才可能浮现出来。即，景观载体——实际中介——原型中介——意义。

以闾山山门为例（图3-6），景观载体是四片混凝土墙，实际中介是由一个虚空形成的古代建筑的轮廓，虚中介——原型中介是这个轮廓所引人联想出的古代建筑——佛光寺大殿（图3-7），其意义则是古代建筑所代表的中国传统文化。

由原型中介变换为实际中介的方法有许多，这里具体分析介绍两种方法。

（1）以虚代实。以虚代实是指用虚体形象取代实体形象，成为中介。格式塔心理学中的"图底反转"、中国画中的"计白当黑"，讲的都是虚实转换问题。

在上面的例子中，闾山山门就是将原型中介——古代建筑实体，通过虚实变换，成为虚体轮廓，作为实际中介。富兰克林纪念馆也是将原型中介——民居实体，变化为框架勾勒出的虚体轮廓，作为实体中介。

在这些例子中，轮廓是建筑的虚体，以虚代实，以简洁代替复杂，比较容易实施，也更有趣味。

立面图

图3- 6 **虚体中介** /
辽宁北镇闾山山门
图3- 7 **中介原型** /
佛光寺大殿

（2）以点带面。对于复杂的中介，我们可以把中介分解，取其中的局部，以点代面，以局部作为实体中介，用整体作为虚中介，用比较容易表现的实体来引出难以表现的整体的联想，再由整体联想到意义，简洁而高效。即所谓窥斑见豹，落叶知秋。

许多后现代主义的符号借用与拼贴，实际上也是将原型分解，取其局部，来表达整体。例如意大利广场选取了意大利文化的片断元素：喷水、拱券、柱式、地图，都不是整体，但是局部、片断可以启发整体，简洁实用。

3.5.2 符号载体的复合应用

在景观中，符号载体有时是独立设置的，例如故宫前的日晷、嘉量；院门前的石狮；象征性的环境雕塑等。但大量的情况是，同一景观物象承载着多种复合的作用（如功能、技术、审美），以一当十，成为复合性载体。

例如闾山山门，既是符号载体，象征中国古代文化，又是功能载体，进山的山门。詹克斯的私家花园，既是符号载体，象征他的宇宙观念，又是艺术载体——大地景观。

对于景观而言，景观意义表征应该不是附加的装饰，而是与其他景观功能有机地统一在同一景观物象中。一般情况下，复合性载体都比较经济实用，也更符合人们对于完满性的要求，是理想的承载方式。

3.6 景观认知性表征案例解析

3.6.1 避暑山庄景观解析

位于河北承德的避暑山庄，是清代皇帝的避暑行宫，也是中国最大的皇家园林之一，其中充满了各层次的意义（图3-8、图3-9）。

漫步其中，随处可见具体而微的象征：东南部的湖布局，象征南方的泽国水乡；西边的梨树峪、榛子岭等山峦区，则象征中国西部高原山岭地形；位于西北山峰上，仿自泰山碧霞元君祠的广元宫，则暗示着泰山的存在；湖区北面的试马埭和蒙古包，代表了壮阔的蒙古草原。此外如西部的围墙，是万里长城的象征；围墙以外的承德外八庙，自然成为象征边陲地区的标志。诸如此类，充满了象征意蕴的建筑与布局，使得封建帝王即使在避暑山庄中，也有如在京城一般，能随时掌握天下全局，并感受到八方安顺、四海归依的氛围。

诸多景点不仅象征中国大地的地形风貌，而散布其间的各式建筑也都有其所象征的原版。例如：狮子林是取苏州的狮子林；文津阁则象征宁波天一阁；烟雨楼则象征嘉兴南湖烟雨楼；金山寺是仿照镇江金山寺；永佑寺舍利塔拟仿南京报恩寺塔。同样，千尺雪象征苏州千尺雪；芝径云堤代表杭州苏堤；笠云亭取自苏州的同名亭；放鹤亭意指杭州的放鹤亭。这些个体性的认知性表征，应用的是形象中介，从局部性象征考察，属于象形层次。

人们置身在避暑山庄中，可以感受到江南塞北的湖光山色，则属于应用结构中介，象征江南塞北。

散布在外围的承德外八庙，暗示了清朝政府与边陲的对应关系，是清代初期为团结蒙古、新疆、西藏等边疆少数民族，并加强对边远地区管理而兴建的。普宁寺象征的是西藏桑鸢寺；普陀宗乘之庙，俗称大红台，是模仿西藏的布达拉宫。须弥福寿之庙，俗称班禅行宫，是仿西藏日喀则的扎什伦布寺。安远庙，是仿照新疆伊犁古尔扎庙。这也是应用形象中介，属于象形层次。

上述这些寺庙环绕在避暑山庄外围，呈现出八方归附的恢宏气象，这属于应用结构中介，象征天下一统的政治意义。

在整体结构上，避暑山庄的整体布局，可以看做是缩幅的中国版图，仿佛将中国大地上的各种地形地貌都收纳在其中。这正是避暑山庄应用结构中介，传达着主导意义——"普天之下莫非王土，率土之滨莫非王臣"。可以认为这是中国古代景观中运用认知性表征的典型作品。

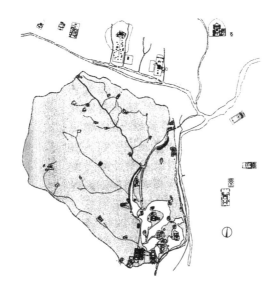

图3- 8 **王土象征**/避暑山庄平面

图3- 9 **水乡象征**/避暑山庄

3.6.2 苏中七战七捷纪念碑景观解析

　　1946年6月解放战争开始时，在江苏中部华中野战军七战七捷，这个纪念碑是为此而建的。最初，作者设计了七个花环、七个小拱、七个小纪念室等方案，这都属于应用数字中介的象征。最后确定以"刺刀"来象征"七战"的重大意义——战略侦察,"七战"是重大的前哨战,像一把刺刀插入敌人心脏,这属于应用形象中介的象征。碑的基底采用的是刻有碑文的一页纸形象,象征"战斗的一页",将这次战役铭刻在史书上,这也是属于应用形象中介的象征。在基底上的七个洞穴则作为枪托印痕来象征"七战",这属于应用数字中介的象征。在这个作品中,从整体到局部,都是用认知性表征来传达作者的意图,因此是中国现代景观中运用认知性表征的典型作品(图3-10)。

3.6.3 意大利广场景观解析

我们借用《现代建筑理论》一书中的文章❷,对美国新奥尔良意大利社区的意大利广场(图3-11)的意义表征,进行夹叙夹议式的分析。([ ]中内容为笔者所加分析)

"穆尔用它主要来作为传递意大利信息的媒介[**立意–通过象征使景观具有深层内涵**],在广场中间是供奉圣·约瑟夫(S·Joseph)的圣坛[**方位中介**]。圣·约瑟夫是新奥尔良意大利社区的保护神,在圣·约瑟夫节日那天,圣坛上放有食物,在中午就分给穷人。小孩穿着杰萨斯(Jesus)、约瑟夫(Joseph)和玛丽(Mary)的衣服走来走去,把食物散发掉,还讲些动听的话,所以设计了大喷泉。在考虑喷泉的形式时,穆尔说:'我们让水流过波河、阿诺河、台伯河(Po,Arno,Tiber)。然后流进蒂勒尼安海(Tyrrhenian Sea)和亚德里亚海(Adriatic),人们可以在此戏水。'三个喷泉隐喻了意大利三条著名的河流[**数字中介+形象中介**]。广场中有一个约24m长的意大利地图[**形象中介**],由石板、花岗石、卵石和反光的瓷砖组成不同的层次,暗示了实际的意大利半岛的地理形状。新奥尔良的意大利公民多来自西西里岛,所以把西西里岛放在广场几何中心[**方位中介**],以示纪念,它作为一个讲台,人们可以坐在上面听讲演。穆尔还用柱式来隐喻意大利[**形象中介**]。围绕作为圣坛的喷泉,有五个位于一系列同心圆上的柱廊,涂以铁锈红、黄色和橘黄色,用宽阔的拱券组成的扶壁联系起来,每个柱廊用一种罗马柱式。还在一个餐厅中创造了第六种柱式'熟食店柱式(Delicate.en order)'[**符号重构**]。"

意大利广场,通过柱式、地图等形态、材质及相互位置关系,复合使用了方位中介、数字中介、形象中介等转换方式,形成了意义丰富的象征景观。从风格流派上,属于后现代主义。但其所应用的表达方法,却完全是认知性表征方法,

2 刘先觉. 现代建筑理论[M]. 北京:中国建筑工业出版社,1999:82

可以说，这是西方现代景观中运用认知性表征的典型作品。

从上面景观作品中，我们可以看到，运用认知性表征可以直接、准确、明白地传达作者的观念、意图，作品意义明确、直观、易懂。认知性表征跨越了地域、文化与时间的界线，可以通用，广为流传与接纳，具有长久的生命力，因而成为古今中外景观设计中，用以进行意义传达的重要方法。

图3- 10 **复合象征** /
　　　　苏中七战七捷纪念碑
图3- 11 **复合象征** /
　　　　意大利广场

图片索引

图3- 1 形意皆俗 / 北京某酒店

http://image.baidu.com/i?ct=503316480&z=0&tn=baiduimagedetail&word=%B1%B1%BE%
A9%CC%EC%D7%D3%B4%F3%BE%C6%B5%EA&in=28955&cl=2&cm=1&sc=0&lm=-
1&pn=33&rn=1&di=11276900355&ln=225&fr=&ic=0&s=0&se=1&sme=0

图3- 2 重构符号 / 包裹柏林议会大厦.顾青. 视觉[J]. 上海: 青年视觉出版社, 2002, （8）: 171

图3- 3 建构符号 / 死难学生纪念碑.刘晓光摄

图3- 4 中介并置 / 故宫与景山.侯幼彬.中国建筑美学[M].哈尔滨 黑龙江科学技术出版社, 1997:242

图3- 5 中介复合 / 布里昂家族墓地.王向荣, 林箐. 西方现代景观设计的理论与实践[M]. 北京: 中国建
筑工业出版社, 2002:189

图3- 6 虚体中介 / 辽宁北镇闾山山门. 刘晓光摄

图3- 7 中介原型 / 佛光寺大殿. 侯幼彬, 李琬贞.中国古代建筑历史图说[M].北京:中国建筑工业出版
社, 2002:59

图3- 8 王土象征 / 避暑山庄平面.刘晓光. 象征与建筑[M]. 台北: 锦绣出版事业股份有限公司, 2001: 24

图3- 9 水乡象征 / 避暑山庄.刘晓光. 象征与建筑[M]. 台北: 锦绣出版事业股份有限公司, 2001: 24

图3- 10 复合象征 / 苏中七战七捷纪念碑

http://image.baidu.com/i?ct=503316480&z=0&tn=baiduimagedetail&word=%CB%D5%D6%D0+
%C6%EB%BF%B5+%C6%DF%D5%BD%C6%DF%BD%DD%BC%CD%C4%EE%B1%AE&in
=1296&cl=2&cm=1&sc=0&lm=-1&pn=17&rn=1&di=12471599670&ln=96&fr=&ic=0&s=0&se=1&
sme=0

图3- 11 复合象征 / 意大利广场.刘育东. 建筑的涵义[M]. 天津: 天津大学出版社, 1999: 34

下篇：唯美篇——景观审美

　　唯真篇，唯真无美。探讨的是意义认知问题，根本不涉及美的问题，因为意义认知只涉及信息之真伪。不论形式美丑，故谓之唯真。

　　唯美篇，唯美无真。探讨的是审美表现问题，根本不涉及真的问题，因为审美表现只涉及形式之美丑。不论信息真伪，故谓之唯美。

审美唯美 / 演讲堂前庭广场

图M-1 **形式美** /
朗特花园

同一景观，由于人的不同取向，可以认知，也可以审美。意义与意蕴都是景观的深层内涵，但又分属真、美两个领域。在本书唯真篇中，我们系统分析了景观意义的认知性表征，这种景观表征使我们能够理解意大利广场表述的对意大利文化与民族的尊敬与怀恋；能够理解网师园"采菊东篱"的归隐之意；能够理解凡尔赛君权无上的威严；以及詹克斯园对宇宙理论的诠释。这些无疑满足了我们对意义的追寻与交流渴望，给心智提供了理性思维活动的空间。但景观的目的不止于此。景观的认知性表征还只是属于认知范畴，还没有涉及审美范畴。

美是景观的主要价值之一。无论是朗特花园（图M-1）严整的形式美、拜斯比公园木桩阵（图M-2）雄壮的意境美、还是龙安寺石庭（图M-3）深邃的意蕴美，或给人视觉的愉悦，或引人丰富的想象，或给人无尽的回味。人们不禁会问，为什么这三种美感截然不同？景观之美是如何形成的？景观的审美结构又是如何构成？

许多理论研究对此展开，有西方传统形式美原理的阐释；有中国传统画论般的经验描述；有现代几何学的空间分析；还有类型学的现象解析，以及从哲学、美学、社会学、心理学、文化学、生态学视角的研究，都取得了一定的成果。

景观的审美对象是纷繁变幻的，有前述的那些人工景观，还有泸沽湖这类自然景观（图M-4），这导致美感来源的多元化。但无论审美对象是人工景观还是自然景观，在这多元背后存在着一种稳定恒久的审美机制，可使人们拨开纷繁变幻的表象，直取审美之果。这就是主体的审美心理机制，它一直是景观美学的核心问题。本书以人工景观作品为主要切入点进行分析，目的是为直截简练，但结论适用所有审美对象。对于自然景观的审美解析，限于篇幅，不在此展开。

艺术的真正价值是对人类情感与体验的关注，是对人类审美需要的满足。

优秀的景观，除了能够给人以形式美感之外，还往往以深邃的内在结构给人以丰富、深刻的情感激唤，使人产生难以言表的心灵感动，生发出无尽的意蕴，

图M-2 **意境美** /
拜斯比公园木桩阵

图M-3 **意蕴美** / 龙安寺石庭

图M-4 **象异质同** / 泸沽湖

景观审美结构		基本单位		内在系统		表现形态		美感形态		创作原则
景观客体结构	→	景观物象	→	景观物象系统	→	客观物境				
↓		↓		↓		↓				
表层审美结构	→	审美表象	→	审美表象系统	→	格式塔	→	形式美	←	完形原则
↓		↓		↓		↓		↓		
中层审美结构	→	审美意象	→	审美意象系统	→	意境	→	意境美	←	虚实原则
↓		↓		↓		↓		↓		
深层审美结构	→	审美特征	→	审美特征系统	→	特征图式	→	意蕴美	←	特征原则

表1 景观审美结构体系

给人以美的享受。其所用的表征方式就是审美性表征。审美性表征引发的不是认知性表征那种对客体符号的意义认知活动，而是主体的情感表现活动；不是用形象来表达明确的观念或意义，而是用形象所形成的意境特征来激发人们的情感体验与想象活动，从而生发出意蕴。审美性表征是艺术活动的真正方式，意蕴是审美性表征的终极价值形态。

本篇从审美心理学角度，运用系统论方法进行研究，认为景观的审美结构纵向上应该划分为表、中、深三个递进层次；横向又自成体系，分别形成形式美、意境美、意蕴美的不同审美价值，整体构成景观审美结构体系（见表1）。

一、横向体系

1. 表层结构

景观的形式美源于表层审美结构，这是一个以审美表象为基础的审美表象系统，表现为完形心理学所讲的"格式塔"。景观表层审美结构的生成机制在于主体感觉感知与知觉加工。景观表层审美结构的独立审美功能是创造形式美。形式美的生成机制在于秩序与变化，创作原则是能够创造"格式塔"的完形原则。

2. 中层结构

景观的意境美源于中层审美结构，这是一个由表层审美结构转换而成的，以审美意象为基础的审美意象系统，表现为由群体意象所生成的意境。景观的中层审美结构的生成机制在于主体的"统觉"、"想象"、"情感"活动。景观中层审美结构独立的审美功能是产生意境美。景观意境美的生成机制在于景观意境与人的生活经验同构相关而又若即若离的虚实相生机制。创作原则是能够创造意境的虚实原则。

3.深层结构

景观的意境美源于深层审美结构，这是一个由中层审美结构转换而成的，是由审美意象特征为基础构成的特征系统，表现为特征图式。特征图式是以作品艺术形象或形式结构的特征外显出来的心灵图式。人类的抽象与投射的心理活动是深层审美结构的生成基础。特征图式通过抽象与投射活动共同交互建构而成。

景观深层审美结构的功能就是创造意蕴美，意蕴是作品整体结构的特征所隐喻和暗示的抽象精神内涵，同构契合是意蕴美的产生机制，景观艺术创作的深层原则应该是特征原则。

二、纵向体系

（1）从系统结构角度，深层审美结构由中层审美结构转换生成；中层审美结构由表层审美结构转换生成。

（2）从基本构成单位角度，审美表象生成审美意象，审美意象生成审美特征。

（3）从内在系统角度，审美表象系统生成审美意象系统，审美意象系统生成审美特征系统。

（4）从表现形态角度，由格式塔转换生成意境，意境转换生成特征图式。

（5）从美感形态角度，形式美、意境美与意蕴美是相对独立的、各审美层次自有的美感形态，但从整体审美表现角度考察，创造意蕴美才是景观审美创作的最终目标。

（6）从创作原则角度，遵循完形原则可以形成形式美；遵循虚实原则可以形成意境美；遵循特征原则可以形成意蕴美。

用以上述结构体系来研究景观审美问题，我们就会理解三种美的差异、三种美的来源以及三种美的相互关系。本书唯美篇将详细探讨景观的各层审美结构及其生成机制，揭示各层美感形态的生成与层次关系，同时研讨相应的创作方法。

图片索引

题图　王向荣，林箐. 西方现代景观设计的理论与实践[M]. 北京: 中国建筑工业出版社，2002: 91

04

图4- 1 **形式美** /
辛辛那提滨河公园

形式美是人们最熟悉的美感形态，即形式所带给人悦耳悦目的感官愉悦。如朗特花园带给我们严整之美，辛辛那提滨河公园（图4-1）带给我们律动之美。景观作为一种客观存在，进入审美主体的主观世界的第一个层次就是表层审美结构层次。经过主体感知的活动，景观转换为主观性的表层审美结构。这个表层审美结构——"格式塔"是景观真正的审美对象，其独立美感形态表现为形式美。

4.1 景观形式美与审美机制

4.1.1 景观形式美

形式美所在的层次，是审美的初级层次，即艺术作品的形式层。形式美是景观表层审美结构自己具有的独立审美功能，主要表现为悦耳悦目的感官欢乐。景观中的鸟语花香、色彩交错、形态变换，首先带给人以丰富的感官享受。许多传统景观的题名就点清了这层意思，如听松、沁芳。现代的许多景观也特意针对耳目之悦，设计出"听风管"、"触摸"等景观设施。

图4- 2 **形式美** / 耦园

形式美有两种类型，包括秩序型形式美与变化型形式美。

（1）秩序型形式美。秩序型形式美，即人们普遍认识的传统形式美，是指在历史演进过程中，形式所呈现的具有共同性、规律性的、广为接受抽象的美，包括事物的自然属性（如形、声、色）及其间的组织原则（如对称、均衡、比例、节奏等，即传统形式美法则），是一种特指的符合人们审美习惯的、内容被固定下来的形式美，秩序是其主要特征。在景观中，传统法国园林是以秩序为特征表现传统形式美的典型，如朗特花园、凡尔赛花园等通过规整的布局、清晰的轴线、严整的比例表现出传统形式美。

（2）变化型形式美。变化型形式美是指与传统形式美法则相悖的美感形态，如混乱、无序、怪异等，变化是其主要特征。也有人称之为传统形式美的审美变异。其实二者无论有怎样的差别，也都在形式美这个层次，本书统称之"形式美"。

中国传统园林以变化为特征，是表现非传统形式美的典型，讲究"步移景异"，时常违背传统形式美法则，但却无可置疑地富含"形式美"。如耦园通过多变的山体、蜿蜒的池水、曲折的小桥、变换的视点表现出非传统形式美（图4-2）。

4.1.2 景观形式美的审美机制

"格式塔"心理学认为，审美对象形式结构的张力模式与人的心理结构的动

图4-3 **秩序之美** /
科罗拉多空军学院

图4-4 **秩序之美** /
校园稻田

力模式产生同构对应，从而形成审美体验。审美体验由于人们不同的心理模式而分化为秩序型与变化型两种类型。

4.1.2.1 秩序型形式美的审美机制

人们普遍认为，秩序型形式美感源于先人对秩序规律把握的渴求。

德国的沃林格在研究东方民族时说："这些民族困于混沌的关联及其变幻不定的外在世界，便萌发出了一种巨大的安定需要……他们最强烈的冲动，就是这样把外物从其自然关联中，从无限的变幻不定的存在中抽离出来，净化一切依赖于生命的事物，净化一切变化无常的事物，从而使之永恒并合乎自然，使之接近其绝对的价值。在他们成功地这样做的地方，他们就感受到了那种幸福和有机形式的美而得到满足。"[1] 因此，滕里尧认为："在原始人心目中，原始艺术呈现出了规则、对称、简洁的图形，就等于在迷乱中创造了秩序、在混沌中创造了世界、在黑暗中创造了光明。"[2]

李泽厚也认为："最早的审美感受并不是什么对具体'艺术'作品的感受，而是对形式规律的把握、对自然秩序的感受"，"对自然的秩序、规律，如节奏、次序、韵律等掌握熟悉、运用，使外界的合规律和主观的合目的性达到统一，从而才产生了最早的美的形成和审美感受。"[3]

这种原始的美感积淀下来，成为后来人类的形式美感的心理基础。"格式塔"心理学研究表明，完美简洁的"格式塔"，其形式结构都是符合传统形式美法则，而与人们内心追求秩序的心理结构相契合。因为排除了混乱与紧张，使人感到愉悦、舒适与平静。

1 巫汉祥. 文艺符号新论[M]. 厦门: 厦门大学出版社，2002: 43
2 [美]鲁道夫•阿恩海姆. 视觉思维[M]. 北京: 光明日报出版社，1987: 11
3 李泽厚. 李泽厚十年集[M]. 合肥: 安徽文艺出版社，1994: 543

景观大师克雷的作品大多呈现的是这种秩序之美，如费城独立大道第三街区景观、科罗拉多空军学院景观等（图4-3）。这些景观的表层审美结构具有对称、统一、简洁、主从、均衡、协调、韵律、节奏、对比等特征，符合了人们内心积淀下来的美感心理，从而形成形式美的感觉。如沈阳建筑大学校园稻田景观（图4-4）。

4.1.2.2 变化型形式美的审美机制

变化型形式美感源于人们内心世界的另一种心理追求——对于变化的追求。美学家认为"美在于新奇"，新的刺激会使感知延长、视觉专注、愉悦感增强，从而形成美感。感官之乐多在于刺激的变化，可以免除"审美疲劳"。金学智评论说："'日日是晴风，西湖景易穷。''人皆游所见，我独观其变。'这是把握了'变'的价值。正因为时间流程中天有不测风云，才能使园林景观日日生新，变化无穷，显现出丰富的美。"❹

这种以变化为特征的形式美不同于人们观念中定型的以秩序为特征的传统形式美，所以可以称作非传统形式美，也有人称为审美变异，其实都是形式美这一表面层次的不同形态。

中国传统园林偏重于表现这种以变化为特征的形式美，讲求"步移景异"。园林中形态丰富多彩，空间曲折变换，就是要通过变化、新奇产生形式美。如西泠印社的多变空间、曲折的游线形成的变化之美（图4-5）。

在长期稳定、和谐的现代社会中，人们需要新鲜信息的刺激，需要非传统形式美的景观形式。如2007年德国花园节的中心公园通过色彩、地形、肌理、流线等创造出充满变化的场景（图4-6）。解构主义作品如拉·维莱特公园就创造出非传统形式美。在当代景观（其实包括所有的设计学科）的审美教育中，传统的秩序型形式美占据绝对的统治地位，以至于变化型形式美一直被边缘化。如何通过复杂化、语义化、意象化、意蕴化，突破传统形式美律条的束缚，正成为当前景观艺术创作的重要课题。如目前刚刚兴起的分形理论、参数化设计方法所探讨的，集中关注的就是如何创造变化的、复杂的艺术形态。

实质上，秩序与变化体现着我们对于世界的认识。世界需要秩序，以保证稳定；但也需要变化以保证活力。过于秩序会形成束缚，过于变化则导致混乱。

---

4 金学智. 中国园林美学[M]. 北京：中国建筑工业出版社，2000：232

图4-5 **变化之美** /
西泠印社

图4-6 **变化之美** /
2007德国花园节
中心公园

4.1.3 景观形式美的独特性

景观与其他艺术相比具有两种独特性，即真实性特征与多感觉特征。

真实性特征。景观的物象是客观存在的，鸟语花香、苍松修竹，都是真实的、具象的。景观与绘画、雕塑、音乐、戏剧、电影、文学、舞蹈等其他门类的艺术不同之处，就在于这种真实性。由此也产生两个创作难题：一是过于具象、真实的景观物象，与日常生活中的事物几乎没有区别，使人难以抱有审美态度去体察其作为艺术的美。从"距离产生美"这个角度来看，缺少距离；二是多系统的、综合的、过于复杂的景观物象，比较难于抽象出形式美要素，需要欣赏者具有较强的视觉能力和欣赏水平。

多感觉特征。克罗齐说："一切印象都可以进入审美的表现。"[5] 视觉、听觉的感受结果形成形象性的审美表象，而味觉、嗅觉、触觉接受的综合刺激影响审美表象的形成，甚至形成"通感"。所以景观的形式审美是多感觉综合的，这与其他艺术形式的单一感知有鲜明的区别。"蝉噪林愈静，鸟鸣山更幽"、"疏影横斜水清浅，暗香浮动月黄昏"等类似的诗文都描述了听觉、嗅觉等视觉之外的感觉对景观形式构成的影响，这要求在景观创作中要尽可能调动各种感官的积极参与，形成丰富多彩的形式美感。

5 邱明正. 审美心理学[M]. 上海：复旦大学出版社，1993：146

4.2 表层审美结构的系统构成

4.2.1 表层审美结构概述

　　景观形式美的产生源于景观所具有的表层审美结构。从感知的角度考察，这个表层审美结构是主体知觉抽象与建构的，景观作品内在的一种系统属性、关系系统、稳定的秩序与有机形式，是一种特定的知觉式样，这个知觉式样就是完形心理学所讲的"格式塔"，也就是景观系统的"知觉结构"。所谓结构，是"事物内在诸要素的相互作用方式，是事物各种要素的相对稳定的按某种特定规则组合起来的有机整体的一种质。" **❻**

　　完形心理学认为，一个艺术作品的审美结构就是一个审美知觉的"格式塔"。阿恩海姆解释说，"观看者的欣赏往往从作品的某一部分开始，但开始之后便急于把握整个作品的主要骨架，寻找到它的重心，用一种试探性的行为刺探它的整个结构，以便判断出它是否与它表现的整个内容相适合。如果这种探察成功了，作品看上去便处于一种与之协调一致的结构中，或者说，处于一种能充分向观看者阐明该作品意义的结构之中。" **❼** 这种结构不是树木、水、石等实体，而是对它们的抽象，是其存在组织方式，但又不是精神现象，是一种既实又虚的客观存在。如美国华盛顿州Renton水园（图4-7），是以水池、小径、湿地、植物等，按照艺术与生物净化的秩序形成的一种结构。

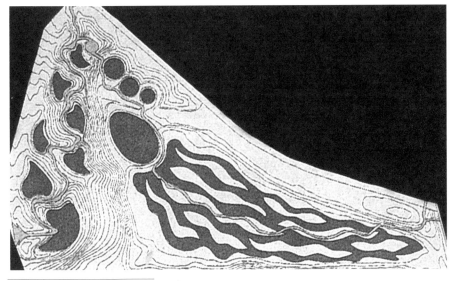

图 4-7 **知觉结构** /
华盛顿Renton水园

6 林兴宅. 象征论文艺学导论[M]. 北京：人民文学出版社，1993：65
7 鲁道夫·阿恩海姆. 视觉思维[M]. 北京：光明日报出版社，1987：84

每个真正的景观作品，与其他景观可以物象相同，但其结构却必然是独特的、唯一的，因而景观的结构是决定性的艺术本体。如畅园与怡园同样采用的是建筑、水体、植物等景观元素，就因为内在结构的不同，才形成了不同的形式（图4-8、图4-9）。

图4-8 **结构比较** /
畅园

图4-9 **结构比较** /
怡园

这个知觉结构就是景观的表层审美结构，它是物质与精神的双重存在。"'结构'是艺术作品的物质实在过渡为艺术虚像的中介，通过这一中介，艺术作品超越自身的实在性而转化为审美的存在。这种'结构'是艺术的本质性存在。"❽

从系统构成的角度，景观表层审美结构，实质就是由审美表象为基本单位构成的一个审美表象系统。

4.2.2 基本单位——审美表象

4.2.2.1 表象

表象是人类认知活动与审美活动的基础形象，是经过感知的客观事物在头脑中再现的形象，是人对客观事物的感官感知与知觉加工的结果，是对客观事物的直接感知过渡到抽象思维或形象思维的中间环节。

景观中，我们所见的墨西哥卫星城入口标志其实就是主观感知的表象，而非客观景物本身，但这种表象又来源于客观景物的物象系统，并非凭空产生（图4-10）。

8 林兴宅. 象征论文艺学导论[M]. 北京：人民文学出版社，1993：72

表象不同于视网膜上的映像。完形心理学认为，表象是知觉进行积极组织或建构的结果，知觉尤其是视知觉具有某种程度上的思维加工能力。但表象还没有上升到思维的高度，还只是对外物的基本感知。既有来源特征的客观性，又具有经知觉组织重构后的主观性。表象不是意象，因为只是初级的感知觉参与，而没有情感与经验的参与。表象也不是概念，因为还未有理念的参

图4- 10 **知觉表象** /
墨西哥卫星城
入口标志

与，它的生成要依靠感觉器官的感觉与知觉的活动。

4.2.2.2 审美表象

在不同的感知目的、态度决定下，表象分化为认识目的表象（求真）、评价目的表象（求善）、审美目的表象（求美）。由于真、善、美的分化，景观结构分化为认识结构、评价结构、审美结构。

在目的表象分化过程中，知觉的选择是目的表象形成的内在基础。阿恩海姆认为，"从一开始，它们（感官）的目标就对准了或集中于周围环境中那些可以使生活变得更加美好和那些妨碍其生存活动顺利进行的方面。"[9] 马提斯就曾经说过，绘画时眼中的西红柿与吃饭时眼中的西红柿是明显不同的。[10]

清代画家郑板桥对于这种艺术现象曾作过深入的分析，提出"眼中之竹，胸中之竹，手中之竹"的说法。"江馆清秋，晨起看竹，烟光日影露气，皆浮动于疏枝密叶之间。胸中勃勃遂有画意。其实胸中之竹，并不是眼中之竹也。因而磨墨展纸，落笔倏作变相，手中之竹又不是胸中之竹也。"[11]

"眼中之竹"实际上已经是在审美目的与态度下，经过选择与抽象，略去竹子的功能、意义，而只强化关注竹子形态的一种"审美之竹"。

9 鲁道夫·阿恩海姆. 视觉思维[M]. 北京：光明日报出版社，1987：63-64
10 [美] 贝蒂·艾德华. 像艺术家一样思考[M]. 海口：海南出版社，2003：3
11 邱明正. 审美心理学[M]. 上海：复旦大学出版社，1993：342

　　景观的审美表象"眼中之竹"，就是在审美目的驱动下，经由感知觉的选择力、抽象力、整合力作用，通过审美注意活动，人的内心形成的一种对客观景象重新建构的知觉结构体，是在目的表象分化过程中，取向于审美目的的表象。我们观赏到的景观，都是这种对客观景象在审美目的下进行抽象与建构的结果。

　　审美表象的作用有两个方面：在纵向上，审美表象是构成中层审美结构单位的审美意象的基础；在横向上，由许多表象形成的表象系统营构出一个主观物境。

4.2.3　审美表象系统

　　景观的表层审美结构是由审美表象为单位构成的审美表象系统。审美表象是对景观物象的单一的感知，如一棵树、一个座椅，而审美表象系统则是对景观物象系统的整体的感知，如辛辛那提滨河公园（图4-1）、纽约中央公园等一系列有内在秩序的审美表象系统，也就是一个审美表象结构体，一种"格式塔"。

　　审美表象系统是经过主体感觉知觉加工的产物，带有主观、客观的融合特征，它含纳了审美表象的几方面要素：

　　（1）审美表象的形态。中文的"完形"强调的是这层意思，如：树的形态、水体形态。

　　（2）审美表象的结构。结构是审美表象内在的组织关系，如：树的枝叶结构、景区结构。结构的存在使"格式塔"超越了一般的形式、形状概念。

　　（3）审美表象的系统。"格式塔"还包括了视觉表象之外的一切被视为整体的东西，形成由温度、湿度、风、雨、声、味等构成的审美表象系统。

　　（4）审美表象的独立性。构成整体的独立成分，并不因构成整体后而失去独立地位。如景观中的雕塑、材质、粗糙质感，都是构成"格式塔"的因素，也是"格式塔"的指涉内容，有时就是一个小"格式塔"。

　　审美表象系统作为一个"格式塔"，不只是一种外在形式，而是一种严整的结构系统，甚至是一个包容多个小"格式塔"的复杂"格式塔"系统，牵一发而动全身，不可随意更改。

　　因此，景观形式美的创作原则应该遵循的是完形原则（注意不是"格式塔"心理学的完形法则），即无论是秩序型形式美还是变化型形式美，都要以创造完形（格式塔）为目标，围绕特定的审美表象系统，进行有序的结构组织。而绝不能是景观元素的简单堆积、设计手法的随意滥用与成功实例的盲目抄袭。

4.2.4 表层审美结构特性

景观的表层审美结构具有客观性、主体性、有机整体性的特性。

首先是客观性，知觉的建构不是凭空想象，而是建立在景观的客观存在基础上。

其次是主体性，结构是主体知觉建构的结果，带有主体性。

再次是有机整体性，"它是一种有机的生命形式，具有不可入性，也就是说，它的任何局部或细节的变动都可能对整体造成损害，它就是艺术的存在本身。"❷ 即古人所讲，增一分则长，去一分则短。优秀的景观作品如留园，其水池、道路、草木等形态与布局的任何更动，都会导致面目皆非。

---

12 林兴宅. 象征论文艺学导论[M]. 北京：人民文学出版社，1993：75

4.3 表层审美结构的生成机制

景观表层审美结构的生成在于主体对景观物象的感觉感知与知觉加工。

4.3.1 感觉活动

景观物象进入主体世界的第一步是感觉。感觉是"对客观现实个别特性（如声音、颜色、气味等）的反映。由来自物质世界的一定刺激直接作用于有机体的一定感觉器官所引起的……它同知觉紧密结合，为思维活动提供材料。"[13]

景观的感知是多种感觉共同作用的综合结果，景观的形式、色彩、空间等作用于人的视觉，晨钟暮鼓、鸟语水声作用于听觉，花香水味作用于嗅觉，冰寒清风作用于人的肤觉……综合性、动态性是景观感觉特性所在。以听觉为例，巴拉兹曾说："只有当我们看到的空间是有声的时候，我们才承认它是真实的，因为声音能赋予空间以具体的深度和广度。"[14] 钱钟书先生也说："寂静之幽深者，每以得声音衬托而得愈觉其深。"[15] 这都说明，景观中听觉和视觉存在相关性和互补性，这些感觉的综合结果形成了人们对于景观结构的初步感受。

4.3.2 知觉活动

知觉在感觉之后发生作用，它是"对客观事物表面现象或外部联系的综合反映。它同感觉一样，是由客观事物直接作用于分析器所引起的。但比感觉复杂、完整。知觉是不同感觉相互联系和综合的结果。客观事物通常只有部分直接作用于感官，要认识事物的整体或联系，必须由已有的知识和经验加以补充。知识和经验不同的人对同一事物的知觉常有不同。"[16]

按照"格式塔"心理学的研究结果，知觉具有如下重要能力。

（1）整合能力。知觉能将基本成分整合成一个完全独立于这些成分的全新整体，这个整体即"格式塔"（完形），它有着自己的特征与性质，并对其基本成分的性质产生影响。"人的知觉本身，就是大脑皮层的电化学力场的一种活动、一种整合和重构，没有这种整合和重构，人对客观世界就只有一些零碎地、片段的感觉印象，

13 辞海编辑委员会. 辞海（缩印本）[M]. 上海：上海辞书出版社，1999：1596
14 巴拉兹. 电影美学[M]. 北京：中国电影出版社，1958：143-144
15 钱钟书. 管锥编（第1卷）[M]. 北京：中华书局，1986：138
16 辞海编辑委员会. 辞海（缩印本）[M]. 上海：上海辞书出版社，1999：734

图4- 11 **知觉整合** /
帕辛广场

而无法形成知觉表象，也就难以欣赏艺术了。"[17]

例如，我们感知到的帕辛广场，首先感知的是帕辛广场的整体结构，然后才是在这个整体结构影响下（决定下）的具体的建筑、喷泉、高塔，这就是知觉的整合能力造成的（图4-11）。

（2）抽象能力。即知觉过程中，会无意识忽略一些感觉因素，而强调另一些感觉因素。这种心理机制，是人类社会实践积淀的人类学特质，以生理素质的形式遗传下来。人类的知觉抽象能力是艺术创作和欣赏的基础，也是艺术作品的审美结构的形成并成为审美对象的心理依据。例如，我们感知施瓦茨的拼合园时，就会强调其拼合性的形式，而忽略其材料的真伪。

（3）简化能力。即把外物形态改造为完美简洁的图形的倾向，如对图形中缺

---

17 林兴宅. 象征论文艺学导论[M]. 北京：人民文学出版社，1993：79

口的填补，把不规则形看成几何原则（方、园、三角等）。梁园龟岛，似龟，人们会补上孔洞，使之看成龟形（图4-12）。在现代景观中，人们对符合秩序、对位、节奏等原则的景观形式的接受，就是由于这种简化能力（或简化倾向）使然，因为这些形式的感知最容易把握，符合经济原则。

在感觉的作用下，景观客体形态进入感觉器官的感知，主客体发生了联系；在知觉的作用下，感觉器官的感知结果经过了主体的初步加工，通过整合、抽象与简化，把客观外在的景物转换成为主客体共同建构的、具有主客体双重特性的知觉结构，即景观表层审美结构。

景观表层审美结构自有独立的审美价值——形式美。但形式美只是感官之美，审美活动还只在知觉领域，还未进入人的统觉、情感与想象活动领域，无法融入人的经验、知识、情趣、品位、理想等社会内容，还只是表层的美感形态，尚未形成意境美、意蕴美。因而创造形式美还不是景观表层审美结构真正的存在目的。景观表层审美结构真正目的在于构成景观中层审美结构。

图4- 12 **知觉简化** /
梁园龟岛

图片索引

景观美学
AESTHETICS OF LANDSCAPE ARCHITECTURE

05

通过第4章的阐释，我们了解了朗特花园、辛辛那提滨河公园等景观带给我们形式美感的内在原因。那么，留园之意境美又如何解释？

在表层形式美之外，景观给人的中层美感就是意境美，它来源于由表层审美结构转换生成的中层审美结构。景观艺术的这个中间层次，就是艺术形象层。❶照林兴宅先生的观点，景观审美的艺术形象——意境才是真正的审美对象，其独立美感形态表现为意境美。他说："严格来说，通常所谓的'艺术形象'实际上就是'意境'或'境界'。"❷

很多美学研究到意境为止，但实际上在其背后还隐存着更深一层的结构，我们将在第6章探讨。

艺术形象层所具有的独立审美价值，就是通常所说的意境美。严格地说，按照文艺学理论应该称之为形象美，或称幻相美更为准确，才能全面概括意境美与意象美两种类型。但本书从习惯性理解的角度，用意境美一词进行表述，学术上并不十分严格，是从接受角度选取的权宜之词，目的是让读者能更直观、更明确地解读艺术形象美，在此请读者注意。

5.1 景观意境美与审美机制

5.1.1 景观意境美

景观中层审美结构具有自己独立的审美功能，就是生成意境美。

意境是指由各种独立意象形成的一个共同境界指向的意象系统，经过人的想象、统觉、情感的重构而生成的虚幻境界，既有景物的客观特征，又有主体加工润色的情态特点。昆明大观楼长联描述了孙髯意中之境："五百里滇池奔来眼底，披襟岸帻，喜茫茫空阔无边。看东骧神骏，西翥灵仪，北蜿蜒，南翔缟素……"这种重构之境，超越了眼中现实景观，大大拓展了视野范围与内涵深度，使人们从这种意境中感受到一种幻妙景象，体味出日常难有的超离之美，即意境美。

景观中的古藤"左盘右绕，筋张骨屈，既像骇龙腾空，苍劲夭矫，拗怒飞逸，又像惊蛇失道，蜿蜒奇诡，奋势纠结。"❸这些生动的景观形象引人进入到一个想象的世界。

1 林兴宅. 象征论文艺学导论[M]. 北京：人民文学出版社，1993：334
2 林兴宅. 象征论文艺学导论[M]. 北京：人民文学出版社，1993：86
3 金学智. 中国园林美学[M]. 北京：中国建筑工业出版社，2000：207

图5- 1 **山水意境** /
演讲堂前庭广场
图5- 2 **废墟意境** /
Justin Herman
广场喷泉
图5- 3 **战场意境** /
美国朝战纪念园
图5- 4 **跌水意境** /
Fort Worth市水园
奔腾池

现代景观大师哈普林擅长通过对自然景观形象的提炼与变换，创造出形神皆备的"城市山林"，带给人们如元朝维则在《狮子林即景》所说："人道我居城市里，我疑身在万山中。"的梦幻般体验，如演讲堂前庭广场（图5-1）。这种与现实若即若离、不即不离的状态，正是景观意境美之所在。

哈普林的Justin Herman 广场喷泉使人联想到城市历史上的一次地震，扭曲的喷泉形象塑造出地震后的惨痛场景，给人以象征性的体验（图5-2）。

美国朝战园通过空间的狭促、结构的混乱、人物表情的茫然、气氛的压抑，营造出"在不明确的时间，不明确的地点，打了一场不明确的战争"的迷茫意境（图5-3）。

约翰逊设计的Fort Worth市水园奔腾池也是这种表现自然意境的作品（图5-4）。

景观意境美不同于表层形式美的悦耳悦目的感官愉悦， 是心居神游所带来的悦心悦意之心灵愉悦。郭熙在《林泉高致》中谈到，"春山烟云连绵人欣欣，夏山嘉木繁阴人坦坦，秋山明净摇落人肃肃，冬山昏霾翳塞人寂寂。"这就是四时之境给人悦心悦意的意趣享受。在这种心灵的重构中，人就获得了一种心物合一的自由，即古人所说的畅神。

对于南京煦园不系舟一景的意境美体验，清代袁枚《不系舟赋》中描述得较为明确："渺三山之在望，登一室如舟……偶抠衣于绿野，恍遗世于丹丘……睹落而心殷稼穑，听波声而梦绕黄淮。"此赋中所言的意境，由不系舟之景而发，由诗人的主观所建构（如恍、心殷、梦绕），供诗人神游其中，象征性地达到了诗人的理想境界："拙人涉世骑土牛，达人涉世乘虚舟。"中国传统园林中这种舟、舸、舫等景物都是为了暗示驾舟御海意境——小舟从此逝，沧海寄余生，表现的是古人对于超离尘世的追求（孔子曰"道不行，乘桴浮于海"，见《论语·公冶长》），如退思园闹红一舸就是这种象征（图6-26）。

这种象征性的生存感受和体验，就是意境美。古代园林、现代主题公园、游乐园主要提供给人们的就是这种象征性生存（图5-7）。

景观意境作为艺术形象所具有的幻想性质，给人性以极度自由、充分的发挥与展现空间。李泽厚说："这心灵的很重要的部分即是人化了的情欲。正是它，成为人的生命力量在艺术幻相世界中的呈现。这种所谓人的生命力量，就既有动物性的本能、冲动、非理性的方面，又并不能完全等同于动物性；既有社会性的观念、理想、理性的方面，又不能完全等同于理性、社会性，而正是它们二者交融渗透，表现为希望、期待、要求、动力和生命，它们以或净化、或冲突、或平宁静美、或急剧紧张的形态，呈现在艺术的幻象世界的形象层之中，打动着人们、感染着人们，启发、激励和陶冶着人们。"[4]

5.1.2 意境美的审美机制

景观意境美的生成，源于景观意境与生活经验不即不离的虚实相生。不即为虚，不离为实。

不离，即所谓实。由于意境与生活经验二者同构相关，形成一种真实感，给人以再认的愉悦。亚里士多德说过："人对于模仿的作品总是感到快感。"[5]这是因为同构相关的幻境能够唤起人们的相关经验，并进行回味。景观"在诉诸感觉和形成意象的过程中，就导致产生了某种听觉或视觉上的快感，同时某种意象往往伴随着某种特征的情绪和情感的体验。这本身就是艺术体验的一个环节、阶段或方面。"[6]

不即，即所谓虚。由于意境经过了主体的加工，是非真实的、超现实的幻

4 李泽厚. 李泽厚十年集[M]. 合肥：安徽文艺出版社，1994：554
5 林兴宅. 象征论文艺学导论[M]. 北京：人民文学出版社，1993：315
6 巫汉祥. 文艺符号新论[M]. 厦门：厦门大学出版社，2002：97-98

境，又使人体验到在现实世界无法得到的感受，获得精神上的象征性满足。现实世界充满了残缺、短暂的局限，满足不了人性中的生命需求，如希望、激情、自由。而在艺术中的幻象世界中，这些需求都会得到象征性的满足，从而带来心灵的愉悦。景观意境与日常经验保持着距离，用"陌生化"使"距离产生美"，丰富了我们的经验，提供了欣赏世界的新视角。例如，庐山瀑布，经过李白的主体加工，形成"飞流直下三千尺，疑是银河落九天"的玄思之境，给人以壮丽、超然的感受。

我们在3.2.1中探讨过，勒温的拓扑心理学认为，人的心理现象是一个整体性空间现象，这一空间包括一个现实的人和围绕着这个人并对这个人的心理施加影响的环境，它们相互作用构成一个心理活动的空间，即"心理场"，它在人身上形成一个"心理紧张系统"，心理活动就是在"场内进行的心理紧张系统"的活动。这种运动趋向于人与环境紧张关系的缓和与解决，这主要通过两种途径：以实践行为达到目的；或是通过联想、想象等获得替代性满足，即象征。游戏、仪式、艺术等实际上都是一种象征。

艺术创作实际上就是把现实行动中难以解决的事物给予象征性的表现，达到某种心理与生存的平衡。对艺术形式的观照，引发主体潜意识的象征性表现，达到主客体和谐共存的状态。"在这种象征状态中，主体处于沉醉与超越之间的一种精神状态，即一方面主体沉浸在对象之中，处于'物我同一'的体验境界，另一方面，主体又在这种自由体验中超越了现实自然的束缚，获得自我解放的愉悦。"[7] 因此，席勒认为，对形式的观照活动，是人类脱离动物的标志，是真正人性的开始。

对于不即不离的虚实相生使人生发审美愉悦，李泽厚从人类生活的角度阐释说，"由于我们日常生活的经验总是有限的、短暂的，甚至是残缺的，它们局限在一定时空范围内。于是人们便更希望从艺术的幻象世界中去得到想象的满足。人在艺术的幻象世界中常常由同情而愿意变成作品中的主人翁，自己变成了另一个人去经历生活……在这个过程中，你的心灵、情欲、兴趣甚至性格就不自觉地受到了感染、活动和培育塑造。"[8]

如Sacro Bosco公园的地狱门就会把人带入另一个构想的世界，使人产生猜测、联想，体味好奇、神秘、恐惧等别样的体验（图5-5）。武侠小说、网络游戏、好莱坞大片、迪斯尼乐园等之所以受到热烈追捧，就是因为它们是成功的幻

7 林兴宅. 象征论文艺学导论[M]. 北京：人民文学出版社，1993：223
8 李泽厚. 李泽厚十年集[M]. 合肥：安徽文艺出版社，1994：555

图5-5 **魔幻体验**/
Sacro Bosco
公园地狱门

图5-6 **象征生存**/拙政园

图5-7 **象征体验**/
路易斯安那湖园

像制造者，或称梦工场，能够以幻象给人以充分的象征满足。

　　中国私家园林中的所谓隐逸生活、融于自然、归隐山林等实际上都是一种象征性生存（图5-6）。游乐园、主题公园所提供的活动，以及《体验经济》一书中作者所倡导的各种体验方式，实际上也就是提出了象征性生存方式（图5-7）。

　　人们在这种象征性生存的意境中，获得了心物同一，主客体互渗的境界，体味心灵随意徜徉的自由感及对心灵创造力的满足、欣赏与愉悦。南宋张镃在《昭君怨——园池夜泛》中描述道："月在碧虚中住，人向乱荷中去，花气杂风凉，满船香。云被歌声摇动，酒被诗情掇送。醉里卧花心，拥红衾。"作者在这种主客观交融的意境中，景情相生，心意酣畅，欣然自足，这种审美愉悦就是作者在园林中体验到的意境美。

按照象征性生存理论，可以认为，景观中层审美结构提供的意境美就是一种象征性生存带来的体验愉悦。"艺术作品中的时空倒转、变化，都扩大了自己对生活的参与，增强了对生命和潜能、情欲和愿望的实现，当然更加强了对人生的感受和体验。"[9]

因此，歌德说："要想逃避这个世界，没有比艺术更可靠的途径；要想同世界结合，也没有比艺术更可靠的途径。"[10]（图5-14）艺术可以创造出一个情景交融的幻想世界，满足人的现实中无法实现的心灵需求，这就是意境美的价值。

5.1.3 景观意境美的独特性

景观作为一种艺术门类，与其他艺术在意境生成方面相比具有独特性，表现在以下几个方面。

（1）高度契合。景观艺术与其他艺术比较，最大特点在于其物境与意境的高度契合。其他艺术中，画布、颜料、塑材、声响，本身并不构成物象，唯有景观，其树木、池水、峰石、山体、道路、桥梁设施等，都是实体形式，都可以成为物象，由此构成的物象系统所形成的客观物境，是一种实际存在的时空之境，与意境具有先天的契合性。

（2）身心合一。物境是人的身体可入之境，意境是人的心神可入之境，二者在景观中高度契合，亦幻亦真，使人感同身受。一个英军牧师进入圆明园后写道："假如您能幻想神仙也和常人一样大小，此处就可算上仙宫乐园了。我从未见过一个景色，合于理想的仙境，今日方打开了眼界。"[11]

其他艺术如果要构筑理想的世界，只能通过艺术幻象间接实现，而景观艺术则是在现实世界直接建构而实现这种理想。所以很多人说，园林是建造在地上的天堂。

（3）亦幻亦真。景观是精心设计的结果，其物象自身形象往往超乎常人想象，石头的漏透瘦皱，梅树的屈曲横斜，空间飘忽不定，景观物境本身已经具有幻境的特点：超常、神秘、集美，其本身在某种程度上已经将创作者的幻境转化为实境，如地上的伊甸园、仙境……欣赏者无需太多的幻想补充，就足够惊异如幻。

（4）易于感知。景观可以达到物境与意境高度契合。景观审美活动中，意境需要有主体心智的建构，如果景观与物境不即，就存在着意义空白和召唤结构，

9 李泽厚. 李泽厚十年集[M]. 合肥：安徽文艺出版社，1994：555
10 金学智. 中国园林美学[M]. 北京：中国建筑工业出版社，2000：70
11 金学智. 中国园林美学[M]. 北京：中国建筑工业出版社，2000：68

更有发挥的余地，而不拘泥于物境。景观物境的高度完善又使之与意境不离，物境本身结构的强烈指引性，使主体的想象不太费力，就能生成意境，尤其对大众，易于感知的提升。

（5）亲和余味。景观生活与日常生活高度契合。景观的内容是超常的，其中的生活并非日常生活，而是审美生活。"荷不为采，水不为溉，鱼不为渔，树不为伐。"其目的只有一个，创造一种非功利性的审美性生活，此为不即。景观较多的以日常元素为物象，以日常审美经验为基础，较少出现在其他艺术常见的奇诡怪诞形象，此为不离。中国园林具有极大的想象空间，却又与生活环境融于一体，所以意境特征鲜明、博大、亲和而又有余味。

图5-8 **幻象之境** /
狮子林

5.2 中层审美结构的系统构成

5.2.1 中层审美结构概述

景观中层审美结构是意境美的来源,是表层审美结构经过主体的统觉、想象与情感作用后建构成的审美幻境,就是景观作品的艺术形象,即意境,它是景观的真正审美对象,这是从表现形态角度考察。

从系统构成的角度考察,景观中层审美结构是由审美意象为基本单位构成的一个审美意象系统。

意象是指独立表象生成的幻象,如景观中小溪生成的长河意象。意象包括结构意象和具象意象两种类型。

意境是指群体意象所生成的幻境,包括象内之境与象外之境。象内之境是指意象系统组合之境,是意境的实境部分,如狮子林生成的狮子如嬉的幻境(图5-8)。象外之境是指意象系统整合幻化之境,也就是意境的虚境部分,如残粒园中有限山水生成的无限空间,以及一池三山表现的"神仙居境"(图5-17)。

按照现代审美心理学的阐释,这种幻境是人类幻觉机能的产物,也被称为审美幻象、审美幻境。审美幻觉从18世纪起就已经是西方美学的重要概念。戏剧、电影、游戏都是依赖于审美幻觉来建构艺术形象,奥地利艺术评论家冈布里奇对此研究出版了《艺术与幻觉》一书;苏珊·朗格则用"幻象"或"基本幻象"来指称"意中之象",即心灵重建的幻觉中的形象。

景观意象与意境,作为幻象,具有多样性、朦胧性、宽泛性、非确定性、不可言说性,需要去体味、感受才能察知。"一峰则太华千旬,一勺则江湖万里。"人们在拳石勺水的园林中体味到东海仙境之妙,实质是通过欣赏所"幻"出的意境来体味。

景观是一个多层次、多对象的复杂审美系统,从中层审美结构的角度,独立意象与局部的意境以及整体意境,都可以成为审美对象,生成不同的审美感受,一丛竹,一片水,一峰石可以独赏;一个小园可以独立成境;几个小园又共同成为另一种境界存在。由于历来的意象与意境的复杂关系,我们还得从景观的中层审美结构的基本单位——审美意象开始梳理。

5.2.2 基本单位——审美意象

5.2.2.1 审美意象的概念

审美意象是古今中外文艺理论中的一个重要核心概念，许多人甚至主张用审美意象作为文艺体系中的"第一块基石"。对于意象的理解，众说纷纭。归结起来可以认为，意象是指客体的表象与主体的感知、思想、意念融为一体而尚未抽象为概念、观念之前，在头脑中生发的具体而生动的形象。

意象在中国的发端，可以追溯至《周易》中的"立象以尽意"；经过汉代王充的概念确立；魏晋南北朝时期刘勰的美学范畴的摄纳；以及唐朝以后的进一步发展，"意象论"逐渐成熟与完善，而后"意象论"演进为"意境论"。王昌龄、司空图、皎然等对此都做出较多的阐述。至今，意象仍然是中国学者不断关注、不断探讨的重要概念。

在西方，古代希腊时期已经出现了"意象"的概念，亚里士多德的"意象"侧重于表象；公元三世纪朗吉努斯的"意象"已经包含了"意"与"象"的统一。后来，黑格尔、康德、意象派创始人庞德、苏珊·朗格、荣格等人都从不同角度、不同侧面论述了意象的特征、生成等内容。

意象可以根据感知目的不同划分为认知意象（唯真）、评价意象（唯善）和审美意象（唯美）。本篇所指的意象是指审美意象，即在众多类型的意象中，那种在"审美活动中将具有审美特性的客体表象同主体思想、情感、理想相融合，并经过想象、创造而孕育于胸中的新形象。"、"是意象的一种具有审美心理内容的特殊形态，是一种渗透着主体审美评价、情感态度、审美理想和创造力的意中之象，是被接纳的具有审美特性的客体事物的'象'与主体的智、意、情的统一体。"[12]

例如，白居易曾在《太湖石记》中写道："有如虬如凤，若跧若动，将翔将踊，如鬼如兽，若行若骤，将攫将斗者。"这是白居易对于太湖石而想象出来的审美意象，具有自身的独特性格特征与形象魅力，也引发欣赏者进入幻想世界。乔万尼二世庭院雕塑——夜间勇士生成的火烈鸟的意象就是这样生成的审美意象（图5-9）。

审美表象是审美意象的生成基础。"美学之父"鲍姆加通说："意象是感情表象。"[13] 郑板桥的"胸中之竹"就是"竹"的审美意象，生成于"眼中之竹"

12 邱明正. 审美心理学[M]. 上海：复旦大学出版社，1993：340
13 吴晓. 意象符号与情感空间[M]. 北京：中国社会科学出版社，1990：10

图5-9 **审美意象** /
夜间勇士

的审美表象。洪毅然这样阐述："在表象的基础上，唤起种种相关的生活经验之
联想……由此及彼地不断泛化、深化、丰富化，遂给'表象'染上情绪色彩，注
入主观内容，而与一定情意相结合起来，于是乃在脑中、心目中逐渐形成为饱含
思想、感情、审美意趣而表现精神意境之'意象'。"[14]

但审美意象与审美表象相比，后者外在的成分多，而审美意象经过心灵作
用，已转化为主体内在生命的一部分，成为情感表现的一种形式，具有个别性与
独创性。

审美意象在创作中表现为构思中的创作意象；在审美活动中，表现为鉴赏
过程中的审美意象。按照其感知特点，还可以分为视觉意象、听觉意象、触觉意
象、感知意象、记忆意象、再造意象等。

5.2.2.2 审美意象的特性

综合历史上的各家学者的分析与论述，审美意象具有以下特征：[15]

形象性。审美意象并非抽象的概念或形式，而是其生动的形象，例如"胸中
之竹"，仍然保持了"竹"的形象性特征。

14 吴晓. 意象符号与情感空间[M]. 北京：中国社会科学出版社，1990：11
15 侯幼彬. 中国建筑美学[M]. 哈尔滨：黑龙江科学技术出版社，1997：259

主体性。如果说审美表象还在较大程度上反映着客体结构的话，审美意象则强烈地带有主体性特征，是由主体的"情"、"意"渗入而构成的。

情感性。审美意象是情感作用的结果，美学中的"移情论"就属于此类主张。同一棵柳树，有人看到妩媚，有人看到忧愁，就是情感性的体现。

直观性。审美意象不是抽象思维分析思考的结果，而是瞬间的直观生成的产物，即所谓形象思维。

多元性。由于意象生成的主体性，其中的"意"在不同的经验、情感、联想、想象等诸多不同方面的作用下，意象具有多义、宽泛、不定的特征。

可变形性。生成的意象不是客观物象的忠实反映，而是简化了细节的、突出了特征的、甚至与原貌相去甚远的变形形象。但是这个形象保留了原有的情感体验的内容。太湖石"如虬如凤，若蹲若动"的意象就是变形结果。

5.2.2.3 审美意象的衍生机制

由于意象具有整合重构的可变特性，因此具有衍生创造新意象的功能。由此可以区分出原型意象与衍生意象。原型意象从现实物象原型中生成，趋向于客观原型的再现，如夜间勇士雕塑生成的火烈鸟的意象。衍生意象从原型意象中衍生而成，趋向于主观想象的再现，如峰石生成的鬼神意象。原型意象是意境中实境部分的基础，衍生意象是意境中虚境部分的基础。

（1）根据事物相似性原则，衍生出新的意象。是因为"大多数的意象很快就和那些在时空上与它接近的其他意象联系在一起。"[16] 例如，由一棵棕榈树联想到它所生活的热带海岛的环境意象。这种横向发展的联想衍生机制，是一种普遍的基本机制，是从有限景观意象生发出无尽意象系统，从而构成意境的心理基础。

（2）根据事物的特征同构原则，创造新的意象。"某些意象具有显著突出部分，这可以导致产生有着同样显著特征的意象。"[17] 例如，从一棵柳树的下垂特征想到人悲哀的意象；由几块相近的顽石想到群聚闲谈的几个朋友的意象，下垂与悲哀，相近与群聚，具有特征上的相似或同构，从而引发相关意象的产生。这种特征同构连接法是在艺术创作与审美中的重要方法，阿恩海姆认为它"可以将那些按照我们的思考方式应该是属于不同范畴的或很少具有相同之处的各种事物组合在一

16 巫汉祥. 文艺符号新论[M]. 厦门：厦门大学出版社，2002：128
17 巫汉祥. 文艺符号新论[M]. 厦门：厦门大学出版社，2002：129

起了（并归为同一类）。"[18] 实质上，
这是用艺术的知觉分类方法取代科
学研究的逻辑分类方法，也具有真
理性。

（3）根据事物的特征同构原则，
创造超现实的变形意象。"有的意
象是另一些形象的凝缩和融合，而
这些原来的形象在现实世界中本来
是分离着的。比如某种意象可以显
现出半人半鱼的样子，好像一只海
妖。"[19] 如澳登瓦尔德庭园雕塑形成的人形生物意象其实就是这种变形衍生的超现
实意象（图 5-10）。

图 5-10 **衍生意象** /
人形雕塑

优秀的景观特别是中国传统园林，都十分重视审美意象的衍生机制，重视审美主
体的能动作用。例如，中国园林的峰石与西方园林中的抽象雕塑，都可以很好地引发
衍生意象。景观中的这些衍生意象将现实世界极大地拓展为艺术的世界，在那里，现
实的真实性让位于想象的真实性，心灵的自由战胜了现实的局限，人们因此获得了一
个自由的世界，以及由此而来的心灵愉悦，这正是景观中层审美结构的艺术目的。

5.2.3 审美意象系统

景观的中层审美结构的内在系统，是以审美意象为基本单位构成的审美意
象系统。也有人称之为意象群或者意象体系。"审美意象有多种形态、多种类
型，而在这些类型之间既有递进的关系，如由单一意象发展为复合意象，由感知
意象、记忆意象发展为创造意象；又有相互交叉、叠合、渗透的关系，如动态意
象、静态意象、复合意象、再造意象、创造意象等都不是孤立存在的，而是往往
交织在一起，构成了整体的审美意象系统。"[20]

退思园生机无尽的意境，是建立在水体、建筑、峰石、林木、天光云影等个
别意象形成的意象系统基础上（图 5-11）。欧洲被害犹太人纪念碑墓地般的意
境，是建立在 2711 个不同高度石墩的个别意象形成的意象系统基础上，是任何单
一石墩所无法形成的（图 5-12）。

18 巫汉祥. 文艺符号新论[M]. 厦门：厦门大学出版社，2002：130
19 巫汉祥. 文艺符号新论[M]. 厦门：厦门大学出版社，2002：130
20 邱明正. 审美心理学[M]. 上海：复旦大学出版社，1993：360

图5-11 **意象系统** /
退思园

图5-12 **意象系统** /
欧洲被害犹
太人纪念碑

这是审美主体在表象基础上营构出的一个主观体系，因而是因人而异的，但是都存在着在一个总体倾向。人们常说，有一千个读者，就有一千个哈姆雷特。但我们会发现，这一千个哈姆雷特其实依然共有着哈姆雷特的某些基本特征，这些基本特征，就是在文本指引下、语境规约下形成的一个总体倾向。

如人们对于小思巴达的感知，会生成各不相同的意象系统，形成各不相同的主观中的景观结构，但都指向小思巴达独有的系统结构。

意象系统的内在秩序是语境。对一棵树的独立欣赏或把它放在一个整体景观环境中去欣赏，得到的感受是不同的，这是因为语境的规约作用。人们将语境中的各种物象作为一个系统，站在审美的角度，直接建构出相互关联的一个意象系统，语境就是人为设定的一种内在秩序，使松散、多义、独立的意象凝聚成一个有机整体，表现出松散意象难以达到完成的审美效果，这是优劣作品的内在区别。

这就要求景观物象之间能够相互建立联系,构成有机整体的文本结构。每个独立的景观意象,都有各自的审美价值,如秋枫之绚烂,小溪之清幽,但是,景观中的意象如果各自为政,而互不相干,不能形成一个有机系统,则失去了整体存在的价值与意义,不能深化为意境,无法引发更深层次的审美活动。优秀景观中的山、水、石、树等诸多物象都形成一个相关联的整体,最终目的是要建构一个有机的意象系统,而劣质景观则只是景观物象的简单堆积,哪怕每个物象都美若天成。

景观审美意象系统的功能是生成审美意境。

5.2.4 景观的意境

景观中层审美结构从系统构成上是意象系统,从表现形式上就是意境——在审美意象系统基础上生成的审美幻境。布伦海姆(图5-13)充满和谐与超然意味的意境、拜斯比公园木桩阵的壮士崛立意境就是主体通过景观意象系统建构生成的意境,中国园林更是把意境作为主要的审美追求(图5-11)。

图5-13 **审美幻境** /
布伦海姆

5.2.4.1 意境的概念

意境是中国古典美学的核心范畴。刘勰为意境的理论奠定了基础,王昌龄首创了意境范畴,皎然提出了取境说,司空图论述了意境形态,陆时雍建构了

图5-14 **审美幻境** /梦
图5-15 **孤寂意境** /
肯尼迪纪念碑

"情境创造"论，王夫之阐释了"情景交融"，梁启超倡导了"新意境"说，王国维的"境界"说被人们认为是"意境"美学的集大成者。

王昌龄在《诗格》中提出了物境、情境、意境三境并列之说。物境表现的是感觉；情境表现的是情感；意境表现的是意念。后人渐渐用意境代替了前二境，所以意境的内涵包容了物境与情境，而近年来有许多人主张重新评价情境的价值。

由于意境一词过于宽泛，有泛化的趋向，也有人主张加以界定。仅仅从意象出发探讨意境的说法就有"中介说"、"象外说"、"上品说"、"深层说"、"哲理说"等。❷

古人的意境概念，含意丰富，但失于混同，不够严谨，既是物境、情境、意境的混同，又是意境与意象的混同，也是意境与意蕴的混同。如果用于表述审美过程中的深层心理的浑整状态是正确的，但是用于理论分析、创作研究，则不够精确严谨，所以在学术研究中应该仔细分别、清晰界定。

从意境生成的角度，本书同意"意境生于象外"的说法，即意境是意象系统诱发、建构的艺术境界。叶维廉说："中国诗的意象，在一种互利并存的空间关系之下，形成一种气氛、一种环境，一种召唤起某种感受但不将之说明的境界，任读者移入境中，参与完成这一强烈感受的一瞬之美感体验。"❷ 这种"不将之说明的境界"就是意境。叶朗说："'境生于象外'可以看做是对于'意境'这个范畴的最基本的规定。'境'是对于在时间和空间上有限的'象'的突破……'境'是'象'和'象'外虚空的统一。"❷

21 侯幼彬. 中国建筑美学[M]. 哈尔滨：黑龙江科学技术出版社，1997：206
22 林兴宅. 象征论文艺学导论[M]. 北京：人民文学出版社，1993：86
23 侯幼彬. 中国建筑美学[M]. 哈尔滨：黑龙江科学技术出版社，1997：260

因此，"境生于象外"，即景观的意境是由具体的意象生化而成的，意象是其构成的基础，意蕴是其审美价值形态，情境是包容在意境概念中的侧重情感表现的意境。

按照现代审美心理学的阐释，意境作为作品的艺术形象，是经过群体意象所生成幻境，是严格意义上的艺术审美的对象。如亨利·卢梭的绘画就具有鲜明的幻想性的艺术特征，形成充满神秘气息的意境（图5–14）。肯尼迪纪念碑景观通过纪念碑、石墙、小溪、草坪、树林、营造出一个孤独寂寥的意境，一种淡淡忧伤的氛围，表现出纪念性的情感（图5–15）。

5.2.4.2 意象与意境的关系

"境生于象外"。意象是构成意象系统的基本单元，意境是意象系统的整合产物，是由意象的实体性、个体性向意境的空间性、群体性转化的结果。

例如龙安寺，孤立地看，几块石头，一片白沙，各自独立的意象难于生成意境，而将它们有机地组织在一起，顷刻之间，小小的庭院便会幻化生成万顷波涛。

意象有时也被独立视为艺术形象，特指单一具体的幻象，如水中石头生成的岛屿意象。单独意象也可以构成观照欣赏的对象，例如峰石的如虬如兽，池水的波澜与平静，但是不一定与作品整体的意境有共同的审美方向，可能是自成系统，自成作品。

绝大多数情况下，景观是一个或数个物象系统，由此深化为一个或数个意象系统，最终以一个或数个意境形式成为人们的审美对象，这构成了作品的层次性、多样性，也形成了整体意境与个别意境并存的状态。

优秀的景观作品的创作规律是，在意象系统的语境规约机制下，各个单独的意象隐弱其各自的多重可能的情意指向，而强化突出他们共同的情意指向，营构出一个有机的完整的意境。

5.2.4.3 意境与意蕴的区分

传统意境的内涵十分宽泛，"情景交融"是其中主要特征。从理论分析的研究角度，意境可以区分为"境"与"意"两种突出特征。"境"就是前述的审美幻境，偏重于客体形态；"意"就是"意蕴"，偏重于主体的情感感受。意蕴是主体在对意境中的欣赏体验中生发的情态，是更深层次的审美产物，是景观深层审美结构的作用结果，不应与"意境"混同。

过去论述的意境，集成了两个层次的内容：意境与意蕴。从实际艺术体验的角度，两者是浑整的；但从研究的角度，两者是两个层面的东西，混而论之，是造成历来的意境论立论繁多而又难以明晰的原因之一。本书认为，应该把古人的"意境"区分为"境"与"意"两部分，用"意境"表述偏重于客体形态的审美幻境；用"意蕴"表述"意境"中偏重于主体的情感体验。

古代意境论中有"上品说"，认为只有达到"上品"、"高格"的意象系统才能生成意境。❷ 本书的观点是，景观只要能够形成融入主体情感与意识的"审美幻境"就可以称为意境，这样才能对中层审美活动现象进行全面阐释。意境的高下，主要取决于"意蕴"的高下，"意"深则"境"高。

一般景观形成的意境只能给人具象的美感，是因为有的意蕴局限于个人的情感体验而缺少经验共通性；有的是停留在浅层的意识而缺乏文化深度。这种意境，是意境中的中、下品。优秀景观形成的意境给人以更深刻的体验与感悟，在于其具有整体特征，能够形成深层审美结构——特征图式，可以激唤主体生成人类共同的意蕴指向，如生命意识、历史意识、宇宙意识等。按照意境论的"上品说"，古代的意境，实质上较多的是指这种包含深层结构——特征图式的上品（详见7.3.3）。

5.2.4.4 景观意境构成的两种类型

第一种类型是因构成境。这种景观作品，象抽象艺术一样，没有现实生活中的具体形象，只是抽象的几何结构形象，由此而生成的审美幻境称为结构幻境。例如草地、铺地上的波纹线形成海浪幻境、亨利·摩尔的两个球形雕塑生成"母与子的意境"、建筑飞檐产生如翼似飞的意境、流水别墅结构生成的如岩石层叠而出的意境，都是审美主体从景观的结构形式出发，生成的结构幻境（图5－16）。

相对而言，抽象结构生成幻境的难度比较大，需要欣赏者具有较强的审美感受力与想象力，因而较多情况是专业工作者、艺术家能够想象到、欣赏到结

图5-16 **结构成境** /
流水别墅

24 侯幼彬. 中国建筑美学[M]. 哈尔滨：黑龙江科学技术出版社，1997：260

图5-17 **象内之境** /
拙政园香洲
图5-18 **象外之境** /
洛神赋图

构幻境，而一般人只停留在其形式的表层，感受到的是它的形式美。

第二种类型是因象成境。因象成境分为两种情况：象内之境与象外之境。

象内之境就是由多个意象构成的一个组加的、并列的、具象的意象群的环境，"见山是山，见水是水"。例如，狮子林（图5-8），把石头看成狮子，把石洞看成山洞，但是意象各自独立并置，仅仅是相加成境，还不是化合成境。

象内之境，没有超出意象所给定的范畴，只是意象群体构成的具体实在的境界；也没有更深的内涵，但是大众都能够接受，也多能够感知，所以也有一定的独立价值。它是意境的实境部分，而象外之境则是由此生发的，称为虚境。

象内之境作为实境，由原型意象构成，倾向于对自然原型的再现，也更容易被主体感知和生成。"与自然原型太接近的表象的刺激度往往被感知力的'惰性'所降低，因为对某种司空见惯的对象你是不会'眼前一亮'的，甚至会视而不见；而与自然原型太脱节的表象，又难以唤起注意，或由于对感知力和经验难度过大而受到排斥或抑制。只有那种准确地捕捉和体现了对象特征的感知对象才具有最佳刺激度，它既具有适度的新奇性和变形性以唤起感知力的注意，又具有与自然原型特征上的相似性和熟悉性，足以维持注意和调动记忆表象的重现。"㉕ 如拙政园香洲如舟行水上，生成"乘桴浮于海"的意境，就是象内之境（图5-17）。

象外之境。龙安寺枯山水中的白砂转换成海浪、石头转换成岛，这是意象的生成，而由此将庭院之景生成海中岛屿的景象，这是象内之境，是实境；再由海中岛屿的实境幻化成神仙居境，这是象外之境，是生成的虚境，虚境大多是由衍生意象构成。这个幻化成的"神居仙境"的景观境界才是真正的景观的审美对象，如《洛神赋图》描绘的"神仙居境"（图5-18）。由此生发出的禅意、意趣则是这个意境的内在意蕴。侯幼彬先生阐释说，"审美意象的这种组合，类似

25 巫汉祥. 文艺符号新论[M]. 厦门：厦门大学出版社，2002：96-97

图5-19 **虚实生境** /
雪漫兴安

图5-20 **整合成境** /
Hat Hill Copse
雕塑庭院

图5-21 **意象引申** /
保罗园林

于电影镜头的'蒙太奇'组接。……这种'蒙太奇'组接，通过意象与意象的整合、剪辑，产生连贯、呼应、悬念、对比、暗示、联想等作用，经由'以实生虚'，在组合体中产生大片的'虚白'，强化原有意象的比兴效能，派生出本身所没有的、远远大于它们相加之和的东西。这种远大于相加之和的'新的表象、新的概念、新的形象'，就是'象外之象'、'景外之景'。它是审美意象整合升华的产物，它与'象内之象'和构成'象'与'象外虚空'的统一，实境与虚境的统一，从而达到实与虚、形与神、有限与无限的辩证统一，使作品成为具有更多'空白'的召唤结构，具有含蓄无垠的'弦外之音'、'味外之旨'。"❷❻

达到象外之境才是意境创造的最终目的。只有实境，意境则过于具象写实，平淡无奇；但没有实境，虚境则无以为生。真正的意境是实境与虚境的有机统一。于志学的冰雪山水画——雪漫兴安，以水天一色的留白制造空间之虚；以树木形态的多变制造形象之虚，给人充分的想象空间，生成无限意境（图5-18）。侯幼彬先生认为，"实境作为'象内之象'，是特定的、自在的、可捉摸、可感触的，是可以凭感观觉察，直觉把握，不思而得的；而虚境，作为'象外之虚'，是不定的、虚幻的、难以捉摸、难以感触的，需要通过感悟和想象才能领略的。实境具有稳定性、直接性、可感性、确定性的品格；虚境具有流动性、间接性、多义性、不确定性的品格。蒲震元称实境为意境中的'稳定部分'，虚境为意境中的'神秘部分'。他指出：实以目视，虚以神通；实由直觉，虚以智见；实处就法，虚处藏神；实以见形，虚以思进。这是对实境与虚境的性质、特点的精当概括（图5-19）"❷❼

26 侯幼彬. 中国建筑美学[M]. 哈尔滨：黑龙江科学技术出版社，1997：261
27 侯幼彬. 中国建筑美学[M]. 哈尔滨：黑龙江科学技术出版社，1997：281

优秀的景观作品都是用意象系统建构出一个意境，给人以感悟与回味。如沧浪亭"濯足渔归"意境，以及演讲堂前庭广场"城市山林"意境。

5.2.4.5 意象生成意境的方式

（1）由独立的几个意象整合为整体意境。如英国 Hat Hill Copse 雕塑庭院中花岗岩波浪上的花岗岩渔船，通过几个花岗岩柱子与渔船雕塑，以及草地、光影，化合生成了水底世界的意境（图 5-20）。

（2）由局部意象引申为完整意境。景观中的"水口"、"余脉"，由不完全的水体以点带面，建构出"源流无尽"、"群山绵延"的意境。如安东尼·保罗的园林通过虚实掩映形成仿佛融入自然的意境（图 5-21）。

（3）静止意象呈现为动态意境。在中国园林中，除了水波、云影、花枝、飞鸟等可动因素外，若行若止的峰石，若飞若起的檐角，屈曲横斜的树木，都显现出动态的意境。西方园林中通常笔直的道路，形成一种动感，向前奔腾，动态的雕塑更是呼之欲动。

（4）无生命的意象生发为生命的意境。枯山水中的砂石、私园中的峰石、大地景观中的"奔篱"，这些无生命的意象都带有生命的特征，形成生命的意境。

（5）有限意象拓展为无限意境。私园的狭小空间容下了无尽的时空，意境悠远深邃。乾隆在《海岳开襟歌》中说："芥舟只需坳堂水，溟渤何劳千万里？得其环中游物外，枣叶须弥皆一理。"

（6）单独意象自成为独立意境。人们对单一的山、石、花木意象欣赏，由此单一意象衍生出多个意象共同组建成的以原初意象为中心的一个意境。但不是以景观系统整体意境，而是独立意境。它有独立的审美价值，但是与整体走向不尽相同。例如由断桥生成的断桥残雪意境，雷峰塔生成了雷峰夕照意境。古代十景、八景之景象的意境多是由单一意象如一塔、一石、一桥、一水引发生成的，独立成境。

总之，成功的景观都具有完整性、有机整体性、立体性、动态性、无限性及生命性的特征，而这些特征，都是在景观升华为意境之后形成的，具有幻象的性质，是主体建构的产物。

5.3 中层审美结构的生成机制

景观的中层审美结构是由表层审美结构转换生成的。这个转换生成过程内在的心理机制在于主体的"统觉"、"想象"、"情感"活动，通过这些活动，景观的审美表象系统转换为审美意象系统，主体的情感、经验融入景观意境之中，人的社会性内容转化为景观的审美形象。

"格式塔"心理学认为，审美对象的张力式样与人的心理结构的动力模式产生同构对应，从而形成审美经验。但这只触及了审美表象产生的生理性反应，以及引发的潜意识内容，能够揭示形式美感的心理基础，但由于没有触及意境这个主体建构的中介层次，因而还不能解释艺术审美的社会内容。

知觉生成的景观表象，如果要与主体内在的审美经验和审美情感联系起来，必须经过主体统觉、情感与想象的加工建构，升华为审美形象，才能够生成中层审美结构。

5.3.1 统觉活动

从物象到表象依靠的是人的知觉活动，而从表象到意象则要依靠统觉。

统觉是指由当前事物引起的心理活动（知觉）同已有知识经验相融合，从而理解事物意义的心理现象，是"人在审美中调动已有经验、知识对复合对象完整感性面貌进行整体感知，并融入一定理智、情感内容的审美心理形式。"[28]。

知觉侧重于事物的客观属性的反映，统觉是人的知识经验相结合的知觉，侧重于对知觉得到的物理属性的加工。

墨里建立的"主题统觉测验"、罗夏建立的"墨迹统觉测验"都证实，模糊图像与主体经验结合，在统觉作用下就会生成幻象。如人们熟悉的斑点狗的故事，说的是一位学童在家长启发下，把作业上的墨渍"变"成了斑点狗。这个故事的本质就是说明统觉活动的过程。

乔治·桑塔耶纳说："是统觉活动的自由运用，使得无形的作品，使得模糊的、暗示的、支离破碎的、模棱两可的东西具有特殊的兴趣。"[29] 统觉具有整体性系统感知特征，使一群单独的意象如山、水木石整合成为整体的景观系统意象而加以考察。同时，统觉"一定程度上地调动了主体的审美经验、知识、记忆，

28 邱明正. 审美心理学[M]. 上海：复旦大学出版社，1993：159
29 林兴宅. 象征论文艺学导论[M]. 北京：人民文学出版社，1993：99

对事物感性特征进行了分析、比较、判断，并渗透联想、想象、情绪、观念，即已融入了主体原有的经验、理智、情感等心理内容。" **㉚**

由此生成的意境比较多地融入了主体的情志，是主体内涵投射作用下的复合形态，暗含了主体自身的特征。鲁迅在评论《红楼梦》时曾说过，"就因读者的眼光而有种种：经学家看见《易》，道学家看见淫，才子看见缠绵，革命家看见排满，流言家看见宫闱秘事……" **㉛** 有桩禅宗公案讲的也是这个道理。苏轼问佛印，你看看我像什么？ 佛印说，我看你像尊佛。苏轼说，我看你像牛粪。苏小妹嘲笑说，参禅讲究见心见性，你心中有什么，眼中就有什么。同理，审美的主观性就在于此。

实质上，我们从景观作品中"看出了什么"就是"统觉加工出了什么"。"善悟者观庭中一树，便可想见千林；对盆中一拳，亦即度知五岳。"所谓"善悟"其实就是对于景观作者与读者的修养要求，我们能够创造出什么、欣赏到什么，最终取决于自身修养。

5.3.2 情感活动

意象派创始人庞德认为意象是"一种在瞬间呈现的理智与情感的复杂经验。" **㉜** 同样的一个人，面对同样的一个景观，在不同情绪的作用下产生的意境（象）是不同的。

意境作为审美幻象，也就是情感活动的产物，融入了作者的情感、愿望、人格、意趣等，与人的情感世界联系起来，成为人的潜在情感经验的外化对象。同样是明月当空之夜景，不同的人会生发出乡愁、圆满、神秘、悲凉、空灵等不同的倾向的意境，就是融入了各自的情感。移情说就认为，是由于人的情感移入了对象，于是主客观融合，物我同一。里普斯、克罗齐、克林伍德、托尔斯泰等人都持此观点。从这个角度，这种意境实际上还是应该称之为情境更为恰当。

5.3.3 想象活动

在前面谈到意象的衍生功能时已经谈到，许多意象是想象出来的，想象具有重要的、强大的建构力量。黑格尔说："想象是创造的"、"最杰出的艺术本领就是想象。" **㉝**

30 邱明正. 审美心理学[M]. 上海：复旦大学出版社，1993：60
31 鲁迅. 鲁迅全集·集外集拾遗补编 ·〈绛洞花主〉小引[M]. 北京：人民文学出版社，2002：87
32 林兴宅. 象征论文艺学导论[M]. 北京：人民文学出版社，1993：100
33 黑格尔. 美学（第一卷）[M]. 北京：商务印书馆，1979：348

　　想象是在客观物象的刺激下，对人脑中的经验及当下感知的信息所形成的暂时的神经联系的重新组合，从而产生新的审美幻境的心理过程。因而想象活动与主体的形象记忆力、知识积累、敏感性、理解力都密切相关，而生发的新形象往往是尚未存在或者不会存在的、新颖独特的东西。想象活动，能够使心理积淀的表象与现在的感知表象相融合、重构，生成新的审美形象。例如意大利广场的拱门、喷泉、池水，会经过想象而成为意大利古代遗迹的意境。

　　想象有许多种类型，例如组合想象、拓展想象、变形想象、推断想象、演绎想象、知觉转移、分解想象、幻想等。由于想象的作用，审美幻象更多地融入了主体的情感、经验、志趣等内容，成为联系主客体的中介。例如，关于水的意象，苏洵在《仲兄字文甫说》中曾经想象为："舒而如云，蹙而如鳞，疾而如驰，徐而如徊……回者如轮，萦者如带，直者如燧，奔者如焰，跳者如鹭，投者如鲤"的"殊然异态"。

　　景观物象在主体统觉、情感、想象活动的作用下，就生成为主客体合一的幻境，转化为融入主体个性、气质、心境、情操、理想、愿望、精神、生命等人性与社会生活内容的景观艺术形象——意境，成为主体内涵的表现形式，成为主体精神与生命的象征形式。这就是景观中层审美结构的生成机制。

　　景观中层审美结构生成意境美，还不是景观的最后目的，其真正目的是为了建构景观的深层审美结构——特征图式。

图片索引

景观美学
AESTHETICS OF LANDSCAPE ARCHITECTURE

第**6**章

意蕴美与景观深层审美结构

06

图6-1 **意蕴美 /**
　　龙安寺石庭

图6-2 **伤感意蕴 /**
　　越战碑

图6-3 **神秘意蕴 /**
　　马戈花园

图6-4 **安宁意蕴 /**
　　水的教堂

　　在第4章我们阐释了形式美的内在机制，可以理解朗特花园、西西纳提滨河公园的视觉之美。在第5章我们阐释了意境美的内在机制，可以理解留园的幻象之美。那么，龙安寺石庭（图6-1）的美又有何不同呢？

　　在景观的意境美之外，人们在优秀的作品中往往还能感受到意境背后存在着某种更深结构，会带来难以言表的心灵感动，生发无尽的意蕴，这是景观真正的艺术价值所在。

　　这种审美意蕴就是景观的深层审美结构所形成的。景观的表层审美结构、中层审美结构以及相应的形式美、意境美只是景观两个层次的结构及美感形态，还不是景观审美的根本，它们的终极目的是为了建构景观艺术的深层审美结构——特征图式，以及形成终极美感形态——意蕴美。艺术作品的这一最深层次就是意蕴层，也可称为意味层。❶

1 李泽厚. 李泽厚十年集[M]. 合肥：安徽文艺出版社，1994：571

6.1 景观意蕴美

6.1.1 景观意蕴与意蕴美

6.1.1.1 意蕴与意蕴美的内涵

人们在欣赏景观时，常常希望能够在景观的表层形式背后，感悟到更深的精神内涵。优秀的景观作品就能够超越平凡的作品，在形式美感之外，以深邃的内在结构给人以丰富、深刻的情感激唤。我们说，这些景观具有深刻内涵与丰富的意蕴，给人以意蕴美的审美感受。

例如，在林缨设计的美国越战碑景观中，人们感到莫名的伤感与哀愁，迷惘与失落，生发对"生—死"、"成—败"、"对—错"，"此岸—彼岸"的丰富思绪与感怀（图6-2）。

我们在十三陵的山谷墓树环境中会有恢宏、凝重、恒久的感受，产生怀古追思之情，生发对于"灵魂永生、生死轮回"的感受。

在张家界峰秀水景观中，感受到奇伟、秀丽、神秘，生发对自然造化的神奇、天地奇妙、天人和谐、超然天上的感想、思绪。

在拙政园、留园等中国经典园林中体会到天人和谐、四时运迈，生发对宇宙、时空、人生的种种思绪。

在龙安寺石庭中，人们体验到的是神圣、安详、深沉与平和，得到心灵的洗涤与平复。

在哈格里夫斯的拜斯比公园木桩阵中，人们感受到类似英国巨石阵般的神秘、寂静，生发对时空流转、动静相伴的感怀。

在巴拉甘的马戈花园宅园中，我们可以感受到神秘与悠远、喜悦与沉寂的气息（图6-3）。

在安藤的水的教堂中，人们体验到的是神圣、纯净与安宁（图6-4）。

上述这些景观作品的共同之处在于其表面形象背后，存在着某种特殊的结构，蕴藏深刻的意味，通达具有哲理意味的人生境界，能够激发读者生发丰富的思绪，给人以无尽的遐思。凡此种种感受、意绪、情思、体味，就是景观激发出的审美意蕴，人们由此获得的精神愉悦，即意蕴美。

以龙安寺石庭为例，白沙黑石，其内涵何在？我们可以得到两个层面的答案。

第一层，它表达了什么？这是针对其认知性。那么可以说它再现了一池三山的仙居环境，表达了人们对神居世界的向往与渴望。

第二层，还有什么更深的意味？这是针对其审美性。当我们真正在庭院中静观时，心灵就会摆脱认知的束缚，而沉入其深邃的审美意境之中，体悟到其中的沉静、寂寥而又永恒的特征，感受到对生命苦短的哀恫和对宇宙恒长的钦羡等复杂的感情，生发出超离局限的此岸而升华到纯净崇高的彼岸世界的超越感和自由意识，这就是龙安寺让我们体悟到的表面形式背后的深层意蕴（图6-1）。

在审美过程中，主体在感知景观意蕴的同时，自身的内涵便成为可供直观体验的对象，心灵深处的生命感、宇宙感、历史感等皆得以象征性的表现，因而获得审美的愉悦——意蕴美，这才是艺术欣赏的目的，是欣赏活动的本质内容。因此，所谓审美，就是主体心灵的象征性表现。所谓艺术作品的意蕴美，也就是主体在满足了象征性表现后所得到的审美愉悦。

我们将在后面的章节中，逐渐揭示景观的深层审美结构，同时循序渐进地阐明意蕴的内涵。

6.1.1.2 景观意蕴的情意类型

意蕴从一般的理解上看，是指主体在审美过程中的所感所悟，其内容是模糊、朦胧的，能够感知却不易明确的，即常言所谓"只可意会，不可言传"。意蕴如果从情与意的趋向上考察，大略可分为两类：情感型与意念型。

情感型的意蕴趋向于主体感情、情绪等，表现为喜、怒、悲、愁等。如陈子昂的《登幽州台歌》中："念天地之悠悠，独怆然而涕下"；卢纶的《题崔端公园林》中"旧山东望远，惆怅暮花飞"等。人们在故宫的高墙深院中会有雄伟壮丽的感受，产生臣服、崇敬之情；在长城的苍山古墙中则有恢宏、凝重的感受，产生怀古追思之情。这些都是主体的情感意蕴的生发。倾向于这种情感型意蕴的"境"，王昌龄称之为"情境"。

意念型的意蕴则趋向于主体在情感意蕴体验的同时，生发对人生、宇宙、历史等方面的丰富联想、思索与慨叹。如"先天下之忧而忧，后天下之乐而乐"是岳阳楼引发的范仲淹对人生的思辨；"数千年往事注到心头，把酒临虚，叹滚滚英雄谁在……"是昆明大观楼引发的孙髯对历史的感怀。倾向于这种意念型意蕴的"境"，王昌龄称之为"意境"。

实际上，意蕴本身并非有情意之分，而是情意交融，意因情而真，情因意而浓，难分彼此，故而，王昌龄提出的"三境"在历史发展过程中，"意境"逐渐包容了"情境"，而成为中国美学的重要范畴（参见5.2.4）。

6.1.1.3 景观意蕴的特性

（1）意蕴是对整体结构的感知结果，而非对个别意象审美的结果。如中国园林的深邃、悠远的意蕴是园林整体结构的表现而非单一池水、峰石、花木、建筑的个别表现。

（2）意蕴是主体知觉想象体验的结果，主体生成的主观的内容，是双重建构的结果。而不是通过推理与判断，不是客体自有的附加的意义。如岳阳楼记、滕王阁序、大观楼长联等文学作品所表现的，都是主体在景观中生发的种种关乎人生、历史、命运的感怀，而不是这些景观先天自有的意义。

（3）意蕴是深层的、非个别的、局部的、浅显的、感性的，是认知内容以外的宏大、深邃内涵，指向人生境界和精神内涵，引发生命感、历史感、宇宙感，具有人性的普遍意义。

（4）意蕴是抽象的，是作品表面含义之外的、语言难以表述的"言外之意"，欲辩难言的"象外之旨"，印度古典美学称之为"味"。

6.1.2 景观意蕴的指向类型

伟大的景观作品，与其他艺术一样，都是关乎人类的深层精神追求而得以永恒。如李泽厚所认为："美感尽管不能脱离形、色、声、体感知想象和情感欲望，但其高级形态却常常完全超越这种感知、想象和情欲，而进入某种对人生、对宇宙的整个体验的精神境界。"❷

优秀作品都必须具有两个条件。一是景观意境要具有超越其表面寓意之外的深层内涵，如中国园林对于神居世界的向往表达；二是景观意境要具有引人进入深层人生境界的能力。就像龙安寺石庭对生命与宇宙的表现一样，肯尼迪纪念碑也不是停留于表层的纪念意义，而是表现出人类生命意识中的悲剧性内涵。

不同门类的艺术作品，虽然表面形式不同，但其意蕴指向却都集中在关于人类自身生存与发展的生命意识、关于社会与文化的历史意识与人类存在环境的宇宙意识等三个主要方面。

---

2 李泽厚. 李泽厚十年集[M]. 合肥：安徽文艺出版社，1994：576

6.1.2.1 生命意识

生命的问题是人类永恒的问题。在无限的空间中，人的渺小无力；在永恒的时间中，生命之短暂无常，使孔子、苏格拉底、尼采、海德格尔及芸芸众生不断地探求生命的目的与意义，形成了人类心灵深处的生命意识。而艺术，是表现生命意识的最重要手段。

对此，李泽厚认为："……恰恰是在具有感性形象的艺术中便能实现最高的精神层次，这也就是人生的意味、生命的存在和命运的悲怆。这也才是艺术本身的本体所在。……艺术正是人类这种作为精神生命和本体在不断伸延着的物态化的确证。人们在这物态化的对象中，直观到自己的生存和变化而获得培养、增添自我生命的力量。因此所谓生命力就不只是生物性的原始力量，而是积淀了社会历史的情感，这也就是人类的心理本体的情感部分。它是'人是值得活着的'强有力的确证。艺术的最高价值便不过如此，不可能有比这更高的价值了，无论是科学或道德都没有也不可能达到这个有关生命意义的价值。"❸

（1）悲剧意识是生命意识中的根本意识。人的"悲剧性挣扎"（乌纳穆特）、"被抛入的设计"（海德格尔），使悲剧成为伟大艺术作品中的主题。如莎士比亚四大悲剧包括《哈姆雷特》、《奥赛罗》、《李尔王》、《麦克白》，其中的大多数问题都是关于人与宇宙、人性、灵与肉、人生终极目标等根本性的问题。

图6-5 **悲剧意识** /
新渡户庭院

实际上，真正能够感动我们、让人难以释怀的艺术作品都是悲剧性的，而不是喜剧性的。如小说《红楼梦》；电影《魂断蓝桥》、《泰坦尼克》；戏剧《罗密欧与朱丽叶》、《梁祝》、《窦娥冤》；音乐《二泉映月》、《江河水》；绘画《呐喊》、《格尔尼卡》等，其中的原因就在于悲剧意识是生命意识中的根本意识。

这种悲剧意识在日本园林中体现得尤为明显。新渡户庭院（图6-5）的树、石、水、桥精致而脆弱；大仙院的白砂、黑石毫无生命；樱花的绚烂然而短暂以及欣赏方式

3 李泽厚. 李泽厚十年集[M]. 合肥：安徽文艺出版社，1994：574-575

的瞬间性 ❹，都构成了日本景观中的悲剧与感伤指向特征。

在美国朝鲜战争纪念园、越南阵亡战士纪念碑以及肯尼迪纪念碑中，悲剧意识体现得也较为鲜明。

（2）生命同时也是力量、意志与不朽的体现，是一种执著的追求与永恒的渴望。东西方皇家园林都以宏大的尺度、严整的布局、壮伟的气势，显示了"天行健，君子自强不息"的生命力量与不屈意志。中国私家园林中的生机无尽的景象，又以万类欢欣的生命不息的特征指向了生命的喜悦与顽强。

柏林犹太人博物馆中的霍夫曼花园（图6-6），象征着大批犹太人被流放迁移和被收留与滋养的土地，表现出民族历史坎坷的痛苦与悲剧意识。但同时，49根空心混凝土柱指向天空，其中的茁壮植物象征的犹太民族的勃勃生机，坎坷中透露着坚强（图6-7）。

（3）生命意识又表现为一种与生俱来的孤寂感。人类独处于茫茫的宇宙之中，生而寂寥。王维的《竹里馆》："独坐幽篁里，弹琴长啸；深林人不知，明月来相照。"

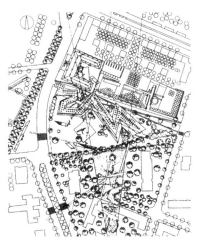

生动描绘了在景观中展现的人生孤寂。拙政园的与谁同坐轩意指"与谁同坐，明月清风我"，是社会生活孤寂的写照，更是生命孤寂的体现。日本枯山水讲求"枯、寂、佗"与日本茶庭的"和、寂、清、敬"，以及中国园林中的孤峰独立、老树孤存，也都是指向这种生命的孤寂。

（4）生命意识也体现为人格意识。人生存在世间，如何树立自己的生命态度，

图6-6 **悲剧意识** /
柏林犹太人博物馆

图6-7 **不屈意识** /
柏林犹太人博物馆

4 克里斯托弗·亚历山大等. 建筑模式语言[M]. 北京：建筑工业出版社，1989：644

图6-8 **自由意识** /
当代网师

健全自己的人格，是有知者非常关注的。中国传统知识分子的人格理想较多地在自然景观与园林中体现，并得以滋养和健全。东汉仲长统在描述其园林时讲："逍遥一世之上，睥睨天地之间，不受当时之责，永保性命之期。如是，则可以凌霄汉，出宇宙之外矣。"❺ 刘长卿《咏日》曰："世事终成梦，生涯欲半过。白云心已矣，沧海意如何。藜杖全吾道，榴花养太和。"❻ 这都是希望借助园林表现独立的人格。

西方景观则多用崇高来表现人格。例如美国黑山四总统雕像、杰弗逊纪念碑、华盛顿纪念碑、大穹顶、大教堂，都在表现崇高的人类品格。

（5）生命感还体现为对自由的不懈追求。无论是景观实境中的"鹰击长空，鱼翔浅底，万类霜天竞自由"，还是景观意境中思想的肆意徜徉，景观都以它自由的特征，给人以生命的自由表现。尤其是景观的艺术性，使人类得以超越现实世界的羁绊与束缚，使人的精神在景观意境中获得了归宿，并投射给世界以梦想的光辉，人在景观意境中获得了自由与永恒。

传统士大夫们在咫尺山水之间，笑傲山林，心游万仞，保持了人性的自由，也保持了他们的独立人格。现代社会，人们正在景观中重新寻找那份生命的自由，超离有形的水泥森林与无形的社会束缚与压迫，追索存在的独立、完整与自由。如呼伦贝尔草原上的当代网师（图6-8）。

5 王毅. 园林与中国文化[M]. 上海：上海人民出版社，1990：372
6 王毅. 园林与中国文化[M]. 上海：上海人民出版社，1990：375

6.1.2.2 宇宙意识

人是宇宙的产物，认识宇宙也就是认识人类自身。艺术与科学，在二条完全不同的道路上都在对宇宙进行着不懈的探讨。对宇宙奥秘的探究，一直是人类心灵深处难以磨灭的强烈欲求，由此生发的宇宙意识，也贯穿着景观发展的始终。在很多传统文化中，人天感应、万物交感是一种永恒的信仰，这在现代社会中依然延续着。康德在《实践理性批判》最后一章写道："有两种东西，我对它们的思考越是深沉和持久，它们在我心灵中唤起的惊奇和敬畏就会日新月异，不断增长，这就是我头上的星空和心中的道德定律。"这句话甚至刻在了康德的墓碑上。"1953年出版了三本美学著名书籍：尼古拉·哈特曼的《美学》、苏姗·朗格的《情感与形式》、杜夫海纳的《审美经验现象学》。有意思的是，三本书都重现了艺术作为情感符号因为与天地万物相同构对应而具有生命力量，都强调艺术作品是这种自然生命的形式。正由于人生意味与这种天人同构相沟通交会，使艺术作品所传达出的命运感、使命感、历史感、人生境界感等，具有了某种神秘的伟大力量。"❼

（1）东方的宇宙意识。东方的宇宙意识是一种和谐、浑整、天人合一的宇宙意识。董仲舒说："天者，群物之祖也。故遍覆包涵而无所殊，建日月风雨以和之，经阴阳寒暑以成之；故圣人法天而立道。"❽中国园林以无限广大和将天地万物笼盖无遗为特征，对"人天之际"的宇宙加以表现。人在景观中，就是如同柳宗元所说"洋洋乎与造物者游，而不知其所穷。……心凝神释，与万化冥合"。❾

程颐、朱熹的"理一分殊"理论使咫尺山林可以象征宇宙的方法具有了理论根基。"理一分殊"理论认为，宇宙间任何微乎其微的事物（分殊）都毫无例外的最直接、最充分地体现出的广大精微的宇宙本体的法理（理一）。只要能通过景物感受到宇宙本体存在、宇宙运迈无穷，再小的拳石勺水，也能使观者融入宇宙。就是在这种期待视野指引之下，欣赏者就会在景观中体会宇宙间的云飞月落、物运时移，体会到宇宙中的神秘而深邃的气息。

东方景观就是以其天理所依、芥子纳须弥的特点而指向宇宙意识。陈子昂《登幽烛台歌》中"念天地之悠悠，独怆然而涕下"就是这种宇宙意识的情感表现。李格非在《洛阳名园记·湖园》中逐一描述了众多景点的具体风貌之后又说："若夫百花酻而白昼眩，青苹动而林阴合，水静而跳鱼鸣，木落而群峰出，

---

7 李泽厚. 李泽厚十年集[M]. 合肥：安徽文艺出版社，1994：575
8 王毅. 园林与中国文化[M]. 上海：上海人民出版社，1990：273
9 王毅. 园林与中国文化[M]. 上海：上海人民出版社，1990：292

虽四时不同，而景物皆好，则又其不可殚记者也。"[10] 这里他感受到的种种动势就是园林无处无时不在体现着极为丰富而又极为和谐的宇宙韵律。

（2）西方的宇宙意识。西方民族，面对着与中国截然不同的自然地理环境，演绎出"天人相分"的宇宙观。西方的景观，也就较多地表现了先民与自然环境抗争所形成的对抗性的宇宙态度，以及对宇宙神秘性的恐惧与探求意识。突出人力之美的传统西方园林如勒诺特式园林（图6-9），以笔直的大道、宽阔规整的草坪、高大的树木形成雄健的人工景观，强调人与宇宙的区别；当代大地景观艺术如闪电原野，通过人工金属杆与自然闪电的联系与对比，对自然的神秘性加以表现，也是为了让人领悟宇宙意志的特别气息（图6-10）。

6.1.2.3 历史意识

历史意识与历史感不是历史的表层事件，而是更深层次的、浸透在历史中的内涵，是体现在历史文化中的人类本质力量和精神，是人对浩瀚历史的体悟与感受。历史无所不包、无所不纳，我们的一切都在被历史所笼罩，对历史这个时间参照系，以及个体在其中的位置的寻求与把握，是人类心灵深处的不灭追求。

景观中的历史感的形成，一种是靠表现，一种是靠积淀。

富兰克林纪念馆内用框架形成的灵透空间，激发了人们对历史的追思与感怀，这是对历史意识的表现，较多依靠的是客体结构的表现。

圆明园，只剩下一个残垣断壁的遗迹，却能够让人心怀激荡，感伤不已，这是历史意识的积淀，较多依靠的是主体前结构的心理投射。在瞻园景观中，钱谦益"问楼外青山，山外白云，何处是汉唐宫阙"等，是景观历史意蕴指向引发了

10 王毅. 园林与中国文化[M]. 上海：上海人民出版社，1990：302

欣赏者主体心中的历史意识的种种感怀，从而引起心灵与景观的共鸣，生发了无尽的意蕴。

6.1.2.4 当代意识的思考

人类的普遍情感并不仅仅是上述这些心理倾向，但是对照在1.3中所述的认知性表征的题材内容，可以看出，生命意识、宇宙意识、历史意识是人类最普遍的深层的心理意识，是要在各个层面、各种方式（认知与审美）都要充分表现的内容，以满足这种心灵的需求，这在古代社会是十分重要的大事，因而在传统景观中较多的得以表现。

现代社会中，人们更加"实际"，工业化、商业化、消费主义、信息化、感官化，使人类心灵的深层审美结构被淹没和掩盖，人们满足于表面的感官愉悦，而不再关注深层的心灵需求，使得整个社会的文化与生活流于肤浅。相应地，景观也就成了一种构图的游戏，一种贴金的形象工程，或者只是为了解决肉体存在而不得已为之的生态手段。

稍微严肃一点的，还在试图通过景观表现一些意识，但与历史上的景观作品相比，往往呈现出多元化、个人化、表面化、浅层化的趋向。

人类已经认识到，对自然的征服与破坏，已经受到了应有的报应，生存成了问题。而人类还没有认识到，对内在自我深层的心灵的忽视和扭曲，即使肉体存在不成问题甚或富足，也必将导致同样的精神与灵魂的生存危机。求诸艺术吧，它或许是剂关乎精神生态的良药。

6.2 意蕴美的审美机制

意蕴美的审美机制是同构契合。景观意境的特征与主体的心灵图式同构契合生成特征图式，在对特征图式的观照领悟过程中，主体心灵图式所蕴涵的体验情感原型转换为具体的感受与体验，即意蕴；从中获得的审美愉悦即意蕴美。主体的心灵图式与景观的深层审美结构——特征图式是该机制中的核心概念。

6.2.1 审美主体的心灵图式

6.2.1.1 图式理论

（1）康德的先验图式理论。哲学家康德用"先验图式"来阐释人类的认识能力的心理结构。他认为，在认识活动中，现象与概念之间，并不是直接联系，而是必须存在一种中介结构，它"一方面与范畴相一致，另一方面又与现象相一致。这样才使前者可能应用于后者。这个中间表象必须是纯粹的，这就是说没有任何经验内容，同时它必须一方面是知性的，另一方面是感性的。这样一种表象便是"先验图式。"❶

例如，"树的图式"不是任何一棵树的具体形象和图画，也不是概括一切树的特征的"树"这一抽象概念，而是具有一般树的特征的枝、叶、干的构图。"图式"是一种感性结构，是对事物的抽象，但还未上升为概念，只是一种感性的结构式样，康德视之为主体先天具有的心理形式。

图式的功能在于，"它能够把主体的心理形式投射在客体上，使之成为认识的对象，即'现象'，主体在创造认识对象的同时，也认识了对象，即用后天的经验内容充实了先验图式。"❷

康德的图式理论可能存在着唯心主义的局限，但他对与主体心灵图式的中介功能与特性的揭示，对于我们理解景观艺术的活动规律与机制具有重大的意义。

（2）皮亚杰的认识图式理论。心理学家皮亚杰用"认识图式"来阐释认识活动中的主客体之间相互作用的机制与过程。皮亚杰认为，图式是指动作的结构或组织，这是一种动态的、认识的功能结构，能够区分作用与主体的各种刺激和相应产生的感觉，并对客体信息进行整理、归类、改造，最终整合到自身结构中。

11 巫汉祥. 文艺符号新论[M]. 厦门：厦门大学出版社，2002：16
12 巫汉祥. 文艺符号新论[M]. 厦门：厦门大学出版社，2002：16

图式类似于一种分类系统，把环境进行分类，归档，存储；在具体的认识过程中，通过同化与顺应活动，对客体刺激作出反应。

皮亚杰指出了图式的发生机制。图式是一个动态的生成系统，主体遗传的本能图式只是一个起点，在之后的主客体相互作用中，后天非遗传性的图式逐渐建构起来。这个理论既正视族类的遗传因素，又强调了后天实践的作用。

1970年，皮亚杰提出著名的认识公式："S⇌AT⇌R"，即特定对象的刺激（S），只有被主体同化、顺应（A）以后，内化于主体原有的心理结构（T）之中，并经过原有心理结构的过滤、处理，加工之后，主体对客体刺激（S）才会作出相应的反应（R）。

对于原有心理结构（T），皮亚杰认为，是主体建构活动才形成了客体结构。客体只有经过主体加工后才能被主体所认识，主体对客体的认识程度完全取决于主体所具有的心理结构——图式。邱明正认为，"在刺激（S）与反应（R）之间，原有心理结构（T）不仅起了中介作用，而且正是在这不断接受刺激、不断过滤、调节并作出反应的无限矛盾运动中，才使原有心理结构发生了量变和质变。"[13]

对于同化、顺应（A），皮亚杰认为主客体是双向建构的关系。他说："刺激输入的过滤或改变叫做同化；内部图式的改变，以适应现实，叫做顺应。"[14]

两者的有机运动体现了主客体的相互作用。

（3）荣格的原型理论。心理学家荣格用原型的概念，从文化学与生物学的角度阐释了心灵图式的来源、构成与功能。

荣格认为，原型是人类心理结构的最重要的构成内容。他说："我们在无意识中发现了那些不是个人后天获得而是经由遗传具有的性质……发现了一些先天的固有的直觉形式，也即直觉与领悟的原型。它们是一切心理过程的必不可少的先天要素。正如一个人的本能迫使他进入一种特定的存在模式一样，原型也迫使知觉与领悟进入某些特定的人类范畴。"[15]

对于原型的发生机制，皮亚杰侧重的是个体发生角度考察，荣格侧重的是从人类群体族类角度来认识。他认为原型是文化积淀生成的。"从科学的、因果的角度，原始意象（即原型）可以被设想为一种记忆蕴藏，一种印痕或者记忆痕迹，它来源于同一种经验的无数过程的凝缩。在这方面它是某些不断发生的心理体验的积淀，并因而是他们的典型的基本形式。"[16]从生物进化角度，他认为原

13 邱明正. 审美心理学[M]. 上海：复旦大学出版社，1993：31
14 雷永生等. 皮亚杰发生认识论述[M]. 北京：人民文学出版社，1987：52
15 巫汉祥. 文艺符号新论[M]. 厦门：厦门大学出版社，2002：20
16 巫汉祥. 文艺符号新论[M]. 厦门：厦门大学出版社，2002：20

型是生物本身先天固有的。"大脑的一定结构,它的奇特性质,并不能仅仅归因于周围的环境的影响。而且也同样应该归因于生物体的奇特的和自发的性质,归因于本身固有的性质。"[17]

从原型的功能角度,他认为,原型是一种空筐,一种召唤结构。"原型不是由内容而是仅由形式决定的。……原型本身是空洞的,纯形式的,只不过是一种先天的能力,一种被认为是先验的表达的可能性。"[18]

荣格强调原型只是一种心理结构,一种表达的可能性,而非具体的意象和形象。原型只有与客体的特征相结合,才能转化为具体可感的存在。

6.2.1.2 心灵图式的概念

康德、皮亚杰、荣格等分别从不同领域的共同研究成果表明,人类心灵深处,存在着一种心灵图式,它是人类普遍共有的深层心理结构,是审美活动的深层秘密所在。这个概念正是被各领域,尤其是文化研究者广泛的认同。林兴宅先生认为,"人的心灵活动存在着某种抽象的'图式结构',它是各种经验和体验类型的结构式样,是个体的、随机变化的、具体的经验和体验原形。"[19]

可以认为,心灵图式就是人类心灵深处的各种情感与体验的原型结构,是每一次具体经验的基础。它是一种空筐结构,召唤读者填充建构。当它与特定的客体特征相遇合时,就会由其自身生发出具体可感的各种体验与情感反应。因而,它是客体形式与主体心理活动的必要中介。它犹如一包咖啡粉,还不是一杯真正的咖啡。只有当遇到适合温度的水,才能激发出内蕴的芬芳滋味。

我们在景观欣赏过程中生发的各种体悟与感怀等情感体验,如命运感、历史感、神秘感等,并非景观中客观存在的,而是源自欣赏者自己的心理原型——心灵图式,一种普遍的情感类型就对应着一种心灵图式。景观作品的艺术感染力,取决于主体的心理结构,这提示我们,景观的艺术创作,必须从主体的心灵图式入手,才有可能创作出深含意蕴的优秀作品。

6.2.1.3 心灵图式的发生机制

巫汉祥先生认为,心灵图式在人类漫长的发展进程中,是主体沿实践与社

17 巫汉祥. 文艺符号新论[M]. 厦门:厦门大学出版社,2002:20
18 巫汉祥. 文艺符号新论[M]. 厦门:厦门大学出版社,2002:20
19 林兴宅. 象征论文艺学导论[M]. 北京:人民文学出版社,1993:318-319

会、文化与心理两个层面进行过程中积淀、建构而成的心理结构。人类"通过漫长的历史实践终于全面地建立了一整套区别于自然界而又可以作用于它们的超生物族类的主体性"。❷⓪ 心灵图式就是这种主体性的具体体现。

建构是心灵图式的发生机制。巫汉祥认为"特征表象——心灵图式——特征图式的形式发展是一个漫长的互为因果的过程。在这个过程中，人类的整体积淀与个体活动、实践——社会与文化——心理、意识与情感、经验与体验、显意识与潜意识、实用目的与象征欲求等被整合统一了起来，某些基本特征表象积淀转化为心灵图式，心灵图式寻找或创造出新的对象特征，形成新的特征图式，其中某些特征图式又积淀转化为心灵图式，之后又创造出新的特征图式……这是一个互为因果、生生不息的生成过程，直到今天，这个过程还在持续。而心灵图式与特征图式这两个生成发展的系列本身则由人类的深层心理结构和文化形态（后来集中在文艺形态里）保留下来。"❷①

积淀是心灵图式的承传机制，"只有那些经积淀、简化和抽象为基本结构的心灵图式才能代代相传。正是在这种不断简化的积淀过程中，人类的深层心理形成了最基本的经济有效的心灵图式。在生物水平上，它使主体保持与自然有机规律和宇宙物质规律之间的一致性；在高级心理水平上，它是主体深层象征欲求的抽象与投射机制的蓝本。"❷②

如此，通过建构与积淀，心灵图式成为不断整合、不断发展、不断继承的人类整体的深层心理结构与情感原型，影响着人类个体的具体活动与体验反应。

6.2.2 审美对象的特征图式

审美主体内在有心灵图式，那么景观作品又有什么内在隐秘可与之呼应呢？那就是景观作品存在着一种深层审美结构——特征图式，是审美对象的特征与主体的心灵图式契合物，是它投射、建构了主体的具体的情感体验。卡西尔说："有着一种概念的深层，同样，也有着一种纯形象的深层。前者靠科学来发现，后者则在艺术中展现。"❷③ 他说的形象的深层，即特征图式。心灵图式是人类心理深层的归档系统，而特征图式则是蛰伏于艺术作品中的对应的类型结构。对于艺术家发现这层结构的重要意义，美学家宗白华说，"就同科学家发现物理的构造与力的定理一样"。❷④

20 李泽厚. 批判哲学的批判[M]. 北京：人民文学出版社，1984：424
21 巫汉祥. 文艺符号新论[M]. 厦门：厦门大学出版社，2002：37
22 巫汉祥. 文艺符号新论[M]. 厦门：厦门大学出版社，2002：21
23 林兴宅. 象征论文艺学导论[M]. 北京：人民文学出版社，1993：334
24 宗白华. 艺境[M]. 北京：北京大学出版社，1989：79

6.2.2.1 特征图式概述

　　林兴宅先生认为，特征图式就是意境的特征与主体的心灵图式的同构契合物，也就是意境特征所表现出来的人类的"心灵图式"。景观所形成的意境如果具有某种鲜明的整体特征，而这种特征又能够表现人类的某种普遍性的经验和情感类型，该特征即升华为特征图式。如天坛以"神圣"的整体特征表现了天所给人的神圣之感，其特征图式就是"神圣"。

　　特征图式是客体结构与主体结构遇合、整合、双向建构的结果，不是语言概念的表达，而是以形象特征表现出来，成为一种可供直观的对象。

　　特征图式具有抽象性与具象性，它抽象于人类心灵的普遍图式结构，具象于作品的鲜明生动的特征性，如退思园中万物和谐的可感特征。它既是客体的艺术结构，连接客体，以客体形象特征为存在方式；又是主体心理结构，表现了主体的内涵。

　　特征图式具有形象性，表现为景观的整体特征，这种特征不是认识思维的抽象概念的特征，而是一个具体可感的形式特征，是通过直觉感知得到的。

　　优秀的景观作品必须具有一个深层审美结构——特征图式。"'特征图式'是艺术存在的深层本质，一方面它是审美知觉抽象的产物，是艺术形象整体的抽象结构样式，这种抽象使它能与人类普遍性的经验和情感的基本模式相连，成为人类精神生活的基本结构。另一方面，它又是依存于具体的艺术形象，因而成为直观的对象。因此，'特征图式'是连接艺术本体与人的生命、统一艺术的物质特性与精神特性的中介。艺术的神秘性和永恒生命力的根源，最后都可以归结到'特征图式'的特性上。'特征图式'是艺术从个别走向普遍，从具体走向抽象，从有限通向无限，从感性的物质媒介通向理性的精神意蕴的真正秘密。"❷

　　伟大的艺术作品，如金字塔、秦陵汉阙、海明威的《老人与海》、罗丹的《思想者》、毕加索的《格尔尼卡》、贝多芬的《命运》……虽然艺术形式不同，但都具有永恒的艺术价值，就是因为有超越具体时代、具体地域的特征图式，指向人类普遍价值的存在。特征图式是一种超象的召唤结构，可以为不同时代、地域的人所把握，所投射，生发具体的、而又都是通达人类共性精神追求的审美意蕴，所以有人称之为"经验共通性"。可以说，"特征图式"是优秀的艺

25 林兴宅. 象征论文艺学导论[M]. 北京：人民文学出版社，1993：332

术作品（即古人所说的上品）能够超越具体时代、地域、形象而指向人类普遍价值、从而得以永恒的根本原因。

6.2.2.2 特征图式与特征的区别

特征图式隐藏在景观形象背后，表现为景观的整体特征，能够被直观感知，所以是艺术作品的客观存在层次，但并不是任何特征只要与主体发生关联就能够成为特征图式。巫汉祥先生认为它必须符合两个基本条件：

（1）它是对象的特质特征，即丹纳提出的主要特征，或阿恩海姆提出的结构特征。特质特征能够准确地体现对象的特殊性与整体结构特征。如拙政园天人和谐、万类欢欣的特征与京都大德寺庭院静寂清绝的特征，都属于特质特征，其他所有特征都以此为核心，从不同侧面强化这个特征图式的特征强度。

（2）它是心灵图式的投射对象，必须具有人类普遍、基本的生命意味的形式。只有客体特征与这种人类普遍的、基本的体验原型同构，或曰心灵图式得以投射于这种特征之上，这个特征才能成为该作品的特征图式。如景观大师杰里科的穆迪历史花园等作品中的神秘特征指，向生命意识、宇宙意识，表现了人类的普遍情感体验，才成为作品的特征图式。

所以，优秀的景观都必须具有这种整体特征。而对于一个有一定艺术鉴赏力的人而言，在欣赏中都能把握这种整体特征，并抽象与建构成特征图式，从而领悟到这个景观中潜存着的意蕴，这样的景观就蕴含了深层审美结构——特征图式。

对于景观的深层审美结构——特征图式的系统构成，我们将在7.3进一步论述。

6.2.3 同构契合机制

景观深层审美结构的功能是生成意蕴美，其生成机制是同构契合。

景观的意蕴是主体由景观意境中生发出的情感与意识。心灵图式实质上就是人的体验与情感的原型系统，景观中整体特征自身是一种动力结构，与心灵图式是同构对应的。当主体感知到景观的整体特征时，特征就对心灵图式的系统产生激唤和催化作用，使其中的相应感验投射到景观意境上，从而生成一种具体可感的特征图式。在主体对特征图式进行观照与玩味时，特征图式就激唤出心灵图式所包蕴的情绪体验，引发具体的情感反应，即深存的审美意蕴。这就是意蕴生成的同构契合机制。

从这个过程来考察意蕴，"象征意蕴可视为其内容，只是这是一种非常特殊的'内容'，它是由主体'填'进去的，特征图式只是宽泛地为它提供了某种潜在构架和诱导趋向(或曰指向性)。" ❷ "乐无意故能涵一切意"。特征图式作为一种类型结构，其功能便是以自身的"空筐"结构激唤读者的象征表现活动。"它作为一种抽象的框架，能够包容和充填进各种具体的经验和情感内容；它作为一种感性特征，能够激起深层心理的呼应与流动：唤起欣赏者自身的经验与情感的活动，在这种主客体双向流动与建构之中生成无限的意蕴。" ❷

为形象地说明这个契合过程，我们前面举过咖啡的例子。一包咖啡粉可以类比为主体心灵图式；水无嗅无味，其水分、温度是主要特征与价值所在，可以类比为艺术作品的整体特征；二者同构契合，生成的那杯真正的咖啡就是特征图式，它负责包容和表现出咖啡豆所包蕴的某种类型的味道；品咖啡就是对于特征图式的观照与欣赏；所品出的味就是审美意蕴，它实质上来源于那包咖啡粉——我们内心的心灵图式。外在的水只不过是具有足够特征的必要刺激，并不是味的本源。当然，这只是一种客观性、静态性的类近似比，因为在审美过程中主客体是动态互动、双向建构的。严格地说还不是很确切，仅为了便于理解契合过程。

在契合过程中，主体的心灵图式是审美体验生发的内因，是情感体验的心理原型；客体的特征图式是决定、刺激主体情感体验方向与强度的外因，二者缺一不可。特征图式就是心灵的情感原型与感性公式，是优秀艺术作品的必备结构。如文学作品中，阿Q的"奴性人格"图式；绘画中蒙克的《呐喊》中"表达痛苦"的图式；雕塑中掷铁饼者的"生命力感"图式；以及中国传统园林中表现的"出世入世的痛苦"图式、"天人和谐"图式以及"天理流行"图式等。可以认为，一个特征图式就代表人类生命感受的一种结构类型。读者将自身心灵图式投射其上，并以自身体验充实、建构这个"空筐"而形成具体的情感体验时，主体自身心灵深处的生命感、宇宙感、历史感等皆得以象征性表现，因而获得审美愉悦，即意蕴美。

例如，在天坛中，人们欣赏到由"宏大"、"宁静"、"纯净"、"空阔"等特征系统形成的"神圣"的整体特征，与心灵图式产生同构契合生成的"天的神圣"的特征图式，激唤出主体心灵图式所蕴的情感体验原型，投射于"天"的意境中，所生成具体的、个人的、当下的情感体验，即意蕴，如在情感方面有崇敬、神圣、敬畏等；在理念方面有对于蓝天、宇宙、历史、人生的遐想与思考等。

退思园并不停留在园主人"退而思过"的认知性表征意义，而是以万类欢欣特征指向客观景物形象之外的天理流行、人天和谐、心灵自在、生命永恒等深层意蕴。

26 巫汉祥. 文艺符号新论[M]. 厦门：厦门大学出版社，2002：89
27 林兴宅. 象征论文艺学导论[M]. 北京：人民文学出版社，1993：335

图 6-11 **抗争图式** /
拜斯比公园
木桩阵

审美活动就是"借他人之酒杯浇自己块垒"。"'借他人之酒杯'表明艺术家创造的审美结构只是欣赏者生命对象化活动的媒介或激发机制。它好像是一个'空筐',等待着欣赏者去补充、丰富和再造。'浇自己块垒'即满足自己生命对象化的需求,这才是欣赏者的目的,是欣赏活动的本质内容。人们透过作品看到了自己的生活风貌,自己的灵魂姿态,自己的生命情调和生命的韵律;看到了生命的各种奇妙和无穷无尽的韵味。这就是对自己生命的一次肯定、一次观赏、一次享受。用马克思的话来说就是人在艺术中复现自身、直观自身。"[28]

故所谓审美,就是主体心灵的象征表现;所谓艺术作品的意蕴美,也就是主体在满足了象征表现后所得到的审美愉悦。

拜斯比公园木桩阵(图6-11),粗壮的木桩神秘、寂静地挺立于大地上,像是被时间凝固的秦俑壮士,欲挣脱羁绊向命运抗争,构成"抗争"的特征图式。这些与人类命运、生命相关的特征图式,激发了人们的历史感、命运感、生命感等的体悟与感怀,实际上也就是满足了人们对这些人类生命深层表现欲求,在感叹、伤怀之余,主体心灵得到自由释放的满足。

因而,景观的审美公式就是:[29]

景观物象 → 审美表象 → 审美形象(意境) → 特征图式 → 审美意蕴

28 林兴宅. 象征论文艺学导论[M]. 北京:人民文学出版社,1993:190
29 林兴宅. 象征论文艺学导论[M]. 北京:人民文学出版社,1993:334

　　站在建构深层审美结构——特征图式的视角，重新审视景观的表象系统，其根本目的就完全超出了表层审美的均衡、统一、协调等的形式美的感官愉悦。也完全超出了中层审美"可游可居"、"奇妙幻化"的意境美的想象愉悦，而是为了构成作品深邃的哲理或诗情，即意蕴美。

　　因此，景观设计所遵循的美的原则，并不是我们目前美的教育中主导的形式美原则，而应该是能形成特征图式的特征原则，对此，我们将在第7章进一步讨论。

图6-12 **生命特征** /
　　　不尽生机

图6-13 **神秘特征** /
　　　泰纳喷泉

6.3 深层审美结构的系统构成

景观的深层审美结构是由中层审美结构转换生成的，就是特征图式。特征图式是艺术作品特征所表现出来的人类的心灵图式。特征图式具有抽象性与具象性、形象性与超象性。

特征图式的具体存在方式就是艺术形象的整体结构的特征，在景观中，"特征图式"表现为意境的整体特征。

景观意境的特征与心灵图式产生同构契合，生成特征图式，激唤出主体心灵图式所蕴含的情感体验原型，生成具体的、个人的、当下的情感体验，即意蕴。

本节主要从系统构成、生成机制、审美机制等角度，对景观深层审美结构进行更深入的分析。

6.3.1 基本单位——特征

景观深层审美结构是特征图式，其基本单位是特征。特征，是指事物或现象的特性或特质的外在标志，是组成本质的个别标志，在景观中表现为一个细节，一个元素，一个场景等物象形态。林兴宅先生认为特征具有独特性、妥帖性特点。独特性，是指一种超出常态、与众不同的表现，从背景中脱离出来的特殊性。如石之古、拙、奇、秀的体貌；梅之曲、屈、横、斜的姿态（图6-12）。妥帖性，是指表征事物内在本质的妥帖性，即通过少量特征便能直接掌握事物的抽象本质。泰纳喷泉以数块顽石，一缕清雾，通过突出大自然变幻莫测的特征来表现自然之神秘性，就是妥帖地以少量特征展现表达对象的本质（图6-13）。特征在审美活动中具有结构动力性与激唤功能。特征具有凝聚性、拓延性、新颖性与刺激性，信息高度聚集，能引发人的丰富联想。因此，特征对主体心理活动具有刺激、指向、诱导与激唤功能。❸

特征具有重要的功能。歌德认为，"艺术的真正生命正在于对个别特殊事物的掌握与描述。""这种显出特征的艺术才是唯一真实的艺术。"❸ 艺术家的创作往往是客观事物的形式特征引发的。弗朗西斯·蓬捷曾说："我必须首先声明，对于我来说，最有诱惑力的是具有出色的魅力和鲜明特征的东西。这种具有鲜明特征的东西，在物质世界中首先映入我的眼中，通过思维升华为意象，再经

---

30 林兴宅. 象征论文艺学导论[M]. 北京：人民文学出版社，1993：330—331
31 鲍桑葵. 美学史[M]. 北京：商务印书馆，1987：400

过加工转化为具有形象性的记号，这就像大部分哲学家在对普通事物的理解基础之上进行概括抽象一样，是人的一种精神创作活动。"❷ 如南京大屠杀现场，以其悲惨特征激发了齐康先生的创作激情与灵感（详见7.2）。所以，艺术家、美学家历来都高度重视艺术中的"特征原则"，有其深刻的内在原因。

特征的感知是依靠人的知觉完成的。反言之，人对事物的把握，本能地是依靠感知事物的特征来完成的。这种现象被称为知觉的特征原则。很多生理学家、心理学家已经通过科学实验证实，生物的知觉是通过一系列分等级的"特征觉察器"或"特征抽取器"来实现。冈布里奇认为："研究知觉的学者们已经发现了一种他们称之为'特征提取器'（feature extractore）的装置。这些装置存在于猫之类动物的视觉系统之中，它们对诸如平行线和垂直线等特殊安排起反应，因而这些线条在环境中必定是最突出的。"❸

6.3.2 特征系统

景观深层审美结构的内在系统是以特征为基本单位构成的特征系统，是由多个独立意象的特征在特定艺术语境指引规约下整合构成的。如《天净沙·秋思》中枯、老、昏、小、古、西、瘦、夕、断、天涯等意象特征构成的具有整体特征指向的特征系统，以及《江雪》一诗中，绝、灭、孤、寒、独等特征形成的特征系统。在景观中，拙政园则运用了活、全、生、动等特征构成了特征系统；南京大屠杀纪念馆运用了枯、死、残、寂等特征构成了特征系统（图6-14～图6-16）。

语境是人为设定的特征系统的内在秩序，使松散、多义、独立的意象特征相互建立联系，凝聚成一个有机的特征结构。语境通过对特征群进行同向强化、异向强化、复合强化等规约作用，将各种意象特征建构成相互关联的一个意象特征系统，从而形成景观的整体特征，构成作品的深层审美结构——特征图式。

因此，创建特征系统是深层审美结构创作的关键。

6.3.3 特征图式的存在与感知

深层审美结构——特征图式的存在方式，就是作品意境的整体特征。而意境的功能就是承载这个特征。如马致远的《秋思》，被认为是最有意境的上品。"枯藤老树昏鸦，小桥流水人家，古道西风瘦马。夕阳西下，断肠人在天涯"。

32 林兴宅. 象征论文艺学导论[M]. 北京：人民文学出版社，1993：180
33 冈布里奇. 秩序感[M]. 杭州：浙江摄影出版社，1987：204

图6-14 **枯、死、残、寂特征** /
南京大屠杀纪念馆

图6-15 **离断特征** /
南京大屠杀纪念馆

图6-16 **残缺特征** /
南京大屠杀纪念馆

枯藤、老树、昏鸦，小桥、古道、西风、瘦马、夕阳、断肠人、天涯等一系列具有突出特征的具体意象形成一个枯败、萎缩、惆怅、没落的意境。但仅此还不是成为上品的根本原因。根本原因是因为这些意象所承载的一系列特征构成了特征系统，凝聚成整体特征指向了"漂泊感伤"的特征图式，这个特征图式对应着千古以来世人心中的共同情结，才能感动各代世人，成为游旅的绝唱，成为意境的"上品"。

同样，在天坛中，"宏大"、"宁静"、"纯净"、"空阔"等特征成为"天的神圣"特征图式的外在形式。

特征图式的具体存在方式就是意境的整体特征，即意境的独特的结构样式。以柳宗元的《江雪》为例，"千山鸟飞绝，万径人踪灭。孤舟蓑笠翁，独钓寒江雪。"、"孤舟"、"独钓"与"千山"、"万径"形成强烈的比照，突出"世人皆醉，唯我独醒"的孤高自许；"千山鸟飞"、"万径人踪"的生动热闹却与

"绝"、"灭"、虚无、沉寂映衬。这种意境特征中，可以强烈地感受到孤高自许、遗世独立的情趣，而这正是志者失意的情感范型，它构成了《江雪》的特征图式。"[34]

在景观中，"特征图式"表现为景观意境的整体特征。下面以天坛为例分析。

天坛的特征图式是"神圣"，表现为天坛意境整体的"神圣"特征。这个整体特征具体地通过"宏大"、"宁静"、"纯净"、"空阔"等特征构成的特征系统得以表现（图6-17）。

（1）"宏大"特征。"宏大"特征，体现在天坛的实际尺度与虚扩形象。

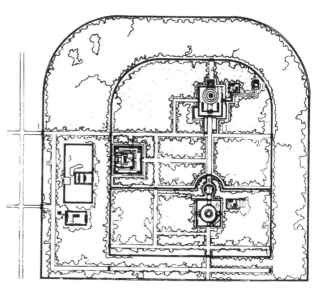

天坛平面图

图6-17 **特征图式** /
天坛

在圜丘、祈年殿，人的视点被三重台基抬高，垣墙故意减小尺度以衬托环境之大，也使视野极大拓展。

丹陛桥被抬高，四周柏林就低矮下去。在桥上行进，人们会在动态中持续地感受到天的宏大。圜丘、祈年殿由于底部三层台基，其形象就被虚扩至大。

"空"能包容一切，无边无际为最大，天坛采用了紫禁城三倍以上的极大占地，而使用较少的建筑组织全园，留下大片空白和虚无的苍天，给人以茫无边际的感受。

34 林兴宅. 象征论文艺学导论[M]. 北京：人民文学出版社，1993：326

（2）"宁静"特征。环境的安静。大面积的绿化，入口到主轴线的长距离，使天坛主体最大限度地隔离世俗繁乱。

主体心绪的安静。由轴线偏东而拉大的距离，一方面使天坛主区处于最宁静之处，另一方面则使主体心绪平伏，渐至静宁。

（3）"纯净"特征。复杂多样乃是世俗社会的特征。"大道至简"、"返璞归真"，真正神圣、高贵的本原性事物，如"天"，都带有纯净、简朴的特征。

要素少而精。仅有三组建筑、道路、墙、坛、柏树等有数的几种类型要素，既满足了使用功能，又创造了众多特征。

形式简洁。无论是整体、院落还是单体建筑，都以方圆为母题，简洁明确；道路笔直，柏树姿态也都是高直挺拔。

色彩单纯。天坛整体色彩除了建筑细部略作雕饰外，只用了几种原色。祈年殿屋顶色彩原为上青、中黄、下绿，后改为一律青色，很好地符合了纯净的特征。

（4）"空阔"特征。空空的坛面引向头顶上的蓝天；祈年殿形成高耸向上的动势，把人的视线引向其上的苍穹；天坛大部分用地是绿化，举目所见，唯树木与蓝天，宏阔的天宇才是审美的真正目标。

天坛通过"宏大"、"宁静"、"纯净"、"空阔"几方面特征，构成整体特征，建构了"神圣"的特征图式，激发了主体生成丰富的意蕴，成为审美性表征的经典作品。

网师园草木葱茏，万类欢欣，显示出"生机无尽"的特征图式（图6-18）。在日本南禅院中，万籁俱静，石砂沉寂，唯有生机过后的痕迹，显示出"生命无常"的特征图式（图6-19）。

图6-18 **生机无尽** / 网师园
图6-19 **生命无常** / 南禅院

6.4 深层审美结构的生成机制

  景观的深层审美结构是由中层审美结构转换生成的。这个转换生成过程内在的心理机制在于主体心理的抽象活动与投射活动，通过这些活动，景观的审美意象系统转换为审美特征系统，主体的心灵图式通过特征图式得以外化表现。

6.4.1 心理抽象机制

  巫汉祥先生认为，人类在与客观世界的相互作用过程中，发展出两种基本的心理能力：抽象能力与投射能力。心理抽象能力，是把外在的繁杂的客体意象抽象简化为某种本质或秩序，以满足深层心理的秩序感需求。如对变动不居的现象，抽取出有稳定规律的图式，以满足主体对世界本质掌握的需求。如《周易·系辞下》记述，"古有庖牺氏之王天下也，仰则观象于天，俯则观法于地，观鸟兽之文与地之宜，近取诸身，远取诸物，于是始作八卦，以通神明之德，以类万物之情。"可以说，八卦就是从现实世界中抽取的内在秩序。

  这种对于秩序感需求，在景观形式美层次也有鲜明体现，我们在分析传统形式美法则时已经做过详细阐述（详见4.1.2）。同样，古人在咫尺山水间感悟天理流行，依靠的就是心理抽象能力。景观作品特质特征，就是这种抽象活动的结果：如肯尼迪纪念园的生命感伤特征；拜斯比公园的生命不屈特征。这说明，艺术活动尽管形式不同，层面相异，但都统一于对于人类的心理结构与内心需求的表现这一根本目的。

  特征图式是知觉活动的产物而不是思维的结果。"格式塔"心理学认为，知觉具有简化的能力，即把一个外在刺激感知（组织）为最简洁的形式的倾向与能力，把多种特征由一种结构特征去概括，把一事物的复杂特征用尽可能少的结构特征去组织成有序的简化整体。这种简化，首先是直觉抽取整体结构，而不是先由局部再拼凑成整体。

  所以人首先把握的就是整体结构特征，这种侧重整体关系的倾向，是人类学的特质，因而人们能够很容易地、直觉地把握艺术作品的整体结构特征，"只要这种特征能够有力地表现人类某种普遍性的体验或经验，人们就能立即从这个特征中感受到这种体验或经验生成意蕴，此时，欣赏者所把握的特征就是'特征图式'"。[35]

  这种感知是瞬间完成的、自发性的、无意识的直觉，而绝不是理性分析思考

---

35 林兴宅. 象征论文艺学导论[M]. 北京：人民文学出版社，1993：325

的结果。如"残阳夕照，汉家陵阙"之境，其中，"虽曾壮伟，却近消逝"的整体特征，在语言表达上是选词择句的思考结果（恰是因为感知难以言传），而在实际景观审美体验中却是本能瞬间完成的；相应地，"壮暮感怀"这种人类普遍的心绪感受与情感也就从欣赏者自心中生发出来，深层的审美愉悦自此形成。

6.4.2 心理投射机制

人的心理投射活动，是把主体的心灵图式投射到相应的客体对象上去，从而把客体改造成满足刺激深层心理生命需求的观照对象。

正是投射活动，才能将主体的心灵图式中的生命特征、生命意志、生命情感，赋予客体的对象。如"春山如笑，夏山如怒，秋山如妆，冬山如睡"，景观中的山之姿态、笑怒，实质上是主体心灵图式投射于山的结果，是主体的生命情感的表现。意蕴不是客体先在固有的，而是客体激发出来的主体内涵。

冈布里奇在研究不同时代不同民族的艺术理论时，发现了对投射现象的一致肯定。宋朝的宋迪曾描述了这种现象："汝当先求一败墙，张绢素讫，朝夕视之，既久，隔素见败墙之上，下者为水，坎者为谷，缺者为涧，显者为近，晦者为远。神会意造，恍然见人禽草木飞动往来之象，了然在目。"❸❻ 在此，所谓看出的种种形态，和我们冬天看的窗花一样，实质就是主体心灵投射的结果。

古迹阳关本来只剩下山峰上一座土墩，从其外在形式上看并无特别之处，但由于历史、文化积淀，尤其是王维的"劝君更尽一杯酒，西出阳关无故人"的感人诗句，使这个普通的土墩具有了深厚的内涵，引发了人们的无尽情怀。同样，昆明大观楼、岳阳楼、滕王阁、兰亭等本身并无奇异之处，只是历代文人墨客的登临咏赋使之具有丰富的内涵。这些客体形式本身并不存在的内涵，就是审美者把自我的生命意识投射到景观中所生成的，从而获得心灵的自我观照与满足。

6.4.3 特征图式的生成机制

景观的深层审美结构——特征图式是在抽象与投射这两种心理机制下，通过抽象活动与投射活动交互建构而成。抽象活动与投射活动是互补的活动，并非独立分开的两个阶段，而是有机一体的瞬间共时性的行为，抽象与投射只是研究者的人为区分，其实一也。

36 冈布里奇. 艺术与幻觉[M]. 长沙：湖南人民出版社，1987：178

昆明大观楼上（图6-20），"五百里滇池奔来眼底……"是孙髯对于客观景物特征的抽象活动，"数千年往事注到心头……"是孙髯主体内涵的投射活动，二者瞬间共时，一体莫分。

在主体抽象对象的特征的同时，投射活动将主体的心灵图式注入这个特征之上，从而契合出特征图式，此时，主体心灵图式外化于客体特征上，表现为特征图式，而客体也由于抽象而以特征图式的方式内化于主体知觉之中，主客体高度合一，心灵图式的蕴涵的情感体验内涵随之激发出来，成为当下具体可感的审美体验。

审美对象作为抽象的来源，审美主体作为投射原型的来源，都是必不可少的，缺一不可。"有一千个读者就有一千个哈姆雷特"，就是说，每个不同的哈姆雷特都是每个读者自己心灵投射的结果；但这些不同的哈姆雷特都存在着某些共同特征，这是由作品结构决定、而又由主体抽象出的结果。

同样，在景观欣赏中，每个人看到的长城景观都是不同的，生发的情感都是各自投射活动的结果，但也共存着长城的形式结构决定的某些共同的特征，如雄峻伟岸，逶迤绵长。

图 6-20 **抽象投射** /
昆明大观楼

6.5 景观审美性表征案例解析

前述诸节对景观的审美结构进行了系统的理论分析，本节侧重从案例解析的角度，剖析景观的三层审美结构。

每个案例从审美结构、意义传达两个方面分析。意义传达部分属于认知性表征部分，在此作简略分析，目的是想通过比较，把认知活动内容（景观意义）与审美活动内容（景观意蕴）清晰地区分出来，以澄清过去一直将二者混同的错误认识。

6.5.1 青山绿水庭的景观解析

"青山绿水庭"（图6-21~图6-23）是日本著名禅僧景观大师枡野俊明的作品。1998年3月建于"麴町会馆"，本书介绍的是会馆的一层庭园，面积为290m²。

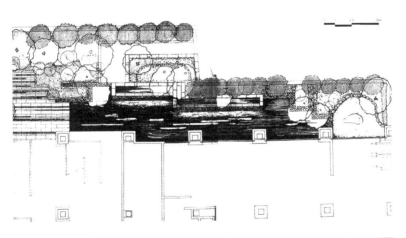

图6-21 **简约凝练** /
青山绿水庭平面
图6-22 **咫尺山林** /
青山绿水庭
图6-23 **生命姿态** /
青山绿水庭

6.5.1.1　认知结构

由于作者没有明确的说法，读者只能进行象征性阐释，因而意义是多解的。

以其基本元素构成方式上看，我们依稀能够看到日本枯山水的模式，只是白沙为水。可以认为作者在表达对传统园林文化的敬意。

再下一层，追溯至其原初模式，一池三山，它仍可以传达传说中海上仙居的理想境界。也有人认为这个景观表达的是无限的大自然，象征着被绿色包围的青山之"寂静"。

总之，此园认知结构中有可以确指的部分，也有读者自行阐释的内容，但无论其认知意义如何，此园最成功之处乃是其审美结构包蕴的生命内涵。

6.5.1.2　表层审美结构

此园进入我们的视野，首先形成一个表象系统：数枚片石居于浅池之中，背景是一片流水的斜墙，由黑色与片石、毛石分两段砌成，墙外几只嫩叶摇曳，表层审美结构十分简单。但形式美感却十分突出，不多的形式元素却造成了统一又多变的视觉效果，按传统形式美原则去审视，其最主要特点是对立统一方法的运用。

尺度：大尺度的背景毛石斜墙与小尺度的几块片石形成对比，最终由毛石墙进行统一。

形式：几块片石，大小相近，而又形态各异。小片石的多变形态与背景的单一斜面进行了对比，但总体上，形态又是相呼应的，变化又统一。

材质：片石与背景毛石墙微差但统一，与上半段的黑条石墙面形成质感、肌理上的对比，主从得当。同时，石材与水体形成质感对比，石之坚、水之柔，二极互衬，极具张力。

色彩：浅色片石、毛石与深色黑条石形成冷暖、明度上的对比；水体的加入，又使这种对比增加了许多变化；同时，枝叶之生命之绿又调解了石材的灰沉之色。

形态：片石与背景的毛石斜墙构成强烈动态，又与黑色墙体的稳定静态形成动静对比。人工形态与自然形态也进行对比：几片顽石个性强烈，显示出自然天性，背景齐整的斜线墙面，又现出人工味道，两者相辅相成，相得益彰。

比例：每片面料及背景墙体的各自比例及整体比例都经得起推敲，符合传统形式美的要求。

因上述各方面的对比统一的处理，整体视觉效果均衡、稳重又富有变化与活力，带给我们感知觉的愉悦，构成了表层审美结构的美感形态——形式美。

6.5.1.3 中层审美结构

此园之表象系统经由人们的视觉、情感及想象活动，转换成为意象系统，形成中层审美结构，生成意境。

片石与毛石斜墙构成主体意象，池水与黑面墙形成背景意象，使人生成诸多相近的审美幻境、幻象（即意境、意象）。审美幻境较集中于逆流奋进之群鱼、群鲸的场景，或是千帆竞渡、百舸争流的景象，或是万马奔腾的场景，这些不同的场景的共同特点是，一个种群在广阔背景上的共同的自由活动。

经由主观活动，那些片石与毛石墙可以在审美者头脑中幻化成鱼、鲸、龟、马、舟等丰富意象。背景的石黑墙，则隐退为广阔的空间，可是天、海、莽原，与水体共成水天一色之境。

这些丰富的意象与意境的生成，关键在于其景观形式的抽象性，在似与不似之间，写意、写神而非写形。几块顽石，没有具体可指认的形态，是鱼？马？舟？车？……但又具备了上述事物的内在生命特征，因而它构成了一种召唤结构，一种艺术空筐，等待读者主动参与它的具体构成。读者自己头脑中形成的具体可感的意境，是主体心灵投射的结果，鱼、鲸、龟、马，任意发挥，又万变不离其宗，在这个读者的自主建构活动中，读者自身融入到这个虚幻的艺术境界中，仿佛身临其境，这就是中国艺术讲的"想象的真实"。读者也会变成这个意境中的一块顽石，或幻化成鱼、舟，奔腾于碧波之上，而由此得以心灵的自由与欢愉，得到全新的体验。尽管这只是一种暂短的象征化的自由生存，但足以忘却了现实中的庭园空间狭促、周边高楼林立以及现实世界的诸多羁绊。这就是"青山绿水庭"带给我们的意境美。其中的关键，一是顽石形态的不定性形成虚实结构，作为留白的空筐形成召唤结构，给主体的想象创造空间与导向；二是主体要有足够的修养，才能够从不定性结构中幻化生成不同意象与意境。

6.5.1.4 深层审美结构

这个作品真正艺术魅力在于其深层审美结构，它以"生命力量"的特征图式引人生发对生命的无尽意蕴。这种"生命力量"的特征图式表现为作品的整体结构特征，主要表现为"生命的动势"，作为对生命的赞颂，作品着重表现的是生命的跃动、力量、崛起的积极特征，而不是相反的生命的死寂、停滞、败落的消极特征。

这种生命的动势特征是我们在中层系统形成的意境特征中就能感受、把握出来的。无论是百舸争流，鱼翔浅底，还是万马奔腾，其共同的整体特征都指向"运动"，运动是永恒的，是生命最直观的特征，因而作品紧扣"运动"特征主题，通过水、石、墙、树等元素，反复进行同征强化。

（1）静体的动态特征。静止的墙、石本身虽然无生命，但其形态却都表现出运动与生命，突出体现在其姿态的动势。

片石的选择与加工，都突出其动态：前倾的斜面，向上的仰角，瘦长的鱼形体态，都抓住了动物的动态特征加以表现。形成了数个内力突现、蓄势欲动的有机体形象。

毛石墙的斜面形态，也是与片石的总体特征相一致，其作用远非打破单调，而是塑造出又一个更大体积、有动态而又相对稳重的有机体，加强片石群的整体队伍的数量规模，并形成大小对比、活跃与稳健、巧力与拙力的对比，使其塑造的有机形态群体更加丰富、有力、动态地表现，更加全面、细微周全。

片石群及毛石斜墙（可视为同类）的空间组织，也是错落有致，疏密得当，表现出一个生命种群在群体运动中的队形与姿态，仿佛正在冲锋陷阵或结队前行，与中国传统园林置石的起势堆法异曲同工，只是方向之别。

（2）方向的同一特征。我们可以看到，这个群体的前行方向是由左至右（由西向东），为强调这个方向特征，景观中几乎所有元素都反复强调，指向力的同一方向。

片石、毛石墙走向、黑条石墙的水平线、甚至包括池底的铺装与凹口、庭端铺底与嵌入植被，无不强化同一指向，唯一例外的是对比性的流水与树丛。

（3）动体的动态特征。池水墙面的落水与墙头的植物是景观中的真正动体，落水以其动感、动态、搅动的池水涟漪表现出生命的运动特征；植物则以真实的生命、摇曳的动态、自然活泼的生机突出了生命的特征。

（4）材质的内在特征。石材，具有坚韧、顽强、执拗的拙力特征；水体、树木则具有轻柔、弹性、自由的巧力特征；两极对比，力量变化特征丰富、全面、强烈，比金属、玻璃等更适合表现生命主题。

（5）空间的节奏特征。节奏感是生物性的节律感应引起的生理能量的感受，节奏不仅于形式美感，也是生命的一种特征。片石群及毛石斜墙的空间布局，疏密得当，错落有致，呈现出节奏特征。

（6）生命的和谐特征。生命特征不仅表现为运动的外在形态，还表现为内在的和谐——这也是宇宙的表现特征之一。

本园表现的正是这种和谐的生命动态，而不是剧烈碰撞式的矛盾冲突的生命特征（如哈迪德、李伯斯金的作品表现的是生命异化的恶果而非生命的本源特征）。

这种和谐是"和而不同"，每个景观意象都有独立的个性与特征，绝不雷同，却又能和谐相处，形成一个有机系统。"和"于协调的动势、比例、主从关系、特征指向。"不同"于具体的各自形态、尺度、质感、位置、色彩。

（7）生命的自由特征。水体的自由、落瀑的自由、片石形状的自由、片石空间位置的自由、毛石墙排石的自由、枝叶生长飘摇的自由，都属于同征强化；而黑色条石墙的稳健、严整，则是用异征强化的方式来突出整体的自由特征。

（8）生命的抗争特征。这个景观中，片石、毛石墙虽然都具有生命自由的特征，但同时又表现着生命的抗争的特征。石静立于水中池畔，犹如羁绊之骏马，待帆之系舟，却欲动不能；顽石之沧久，流水之常新，形成瞬间凝固的生命定势，欲动不能。这种种欲动不能的张力状态，正表现了生命的抗争图景，与蒙克的《呐喊》、凡·高的《农民鞋》表现的欲喊无声的生命抗争状态，是异曲同工的。

此园以寥寥几笔便勾勒出生命的姿态与精神，是对生命的节奏、生命的和谐、生命的力量、生命的恒久的一种无言的赞颂，是对生命的象征。人们从中可以感受到生命本质的外观，感受被唤起的生命意识及生命力量的涌动与震撼。这就是此园提供给我们的意蕴美。

我们在景观意蕴的指向类型（6.1.2）一节中谈到，"生命意识"是景观意蕴指向的重要方面，是人类的永恒主题，是艺术的重要表现对象，也是人类的深层精神追求。枡野的这个作品正是抓住了人类的普遍的"生命力量"的特征图式，通过具体的景观艺术结构，很好地表现了生命意识，成为生命意识的象征，这是其园虽小但艺术感染力却十分强烈的根本原因。

它与一些日本传统枯山水具有不同指向。南禅院、大仙院中的置石沉稳、安详，仿佛静坐的禅师与天宇的星斗，指向的不是生命的运动特征，而是宇宙的沉寂、永恒、超越生死、超凡脱俗的特征。但这些景观都指向人类深层的精神追求，品格卓越、感人至深，因而可以跨越时空界限得以永恒。

6.5.2 退思园的景观解析

退思园为中国传统贴水园的代表，本书以其为例，分析中国传统园林的审美结构（图6-24~图6-26）。

6.5.2.1 认知结构

退思园之园名，为"退思补过"之意。（语义取自《左传·鲁宣公十二年》）

园中植物如松、竹、梅构成岁寒三友之意。荷花喻"君子"、"高洁"之意。植花厅园中种植桂花，又称木樨花，留园就有闻木樨香轩。桂花有三意："折桂"指及第荣耀之意，"兰桂齐芳"为子孙昌盛之意，与"连生贵子"谐音"贵"，富贵昌盛之意。

图6-24 **退思补过** / 退思园
图6-25 **心寄沧海** / 闹红一舸
图6-26 **宇宙韵律** / 退思园

九曲回廊漏窗分别彻出"清风明月不须一钱"各字，指明园中自生天然，无尘世俗累之意。

退思草堂左侧琴台喻"琴棋书画"之"雅意"。眠云亭、天桥之名，喻此园通天留云，意趣高远之意。

水香榭下，群鱼竞嬉，喻"鱼乐"之典故。园中主景"闹红一舸"喻"乘桴于海"、"自游天涯"隐逸之志。

园中山、石、树、水、鱼、人、天、风、香、色，万物时空齐备，"揽天宿地于君怀"，成为自然和谐、世界"理一分殊"的象征。

退思园通过上述设计，从吉祥观、品格观、人生观、自然观、宇宙观等诸多方面表达了园主的意趣与理想。

6.5.2.2 表层审美结构

退思园的表层形式遵从变化型形式美法则，以丰富的变化形成了形式美，满足了人们的耳目感官需求。

变化与统一：退思园虽小，但内容丰富，绝少重复，树木的品种与形态变化，建筑的类型变化、形体变化；色彩的变化等，构成一个丰富多变的景观，但又不觉繁乱。因有大面积水体、天空的统一；屋顶灰色的统一；向心的朝向统一；池水为中心与周边贴水景物的主从关系统一和谐；形态的自然性的统一，使全园达到变化与统一的平衡。

变化与均衡：以园中各景点为视点，视觉画面无不均衡有度。

变化与尺度：此小园，精于尺度控制，虽小而又不拥狭，丰富而不冲突。建筑之间、建筑与树木、山石之间都保持良好的尺度关系。

此外，在以下方面充满变化，以求丰富。

色彩变化：红灯、红窗与绿树、红鱼与碧水、黛瓦与粉墙等进行色彩对比。

动静变化：游鱼、水波、枝蔓之动与建筑、山石之静相对比。

高低变化：山石高低、建筑高低相对比。

明暗变化：榭堂阁廊亭及树荫之暗与台、池、天宇之明不断对比变换。

空间变化：空间的大小、开合、上下、皆成对比。

同时，此园中声音（琴、萧）、色彩（树、水、云、天）无不悦耳悦目。总之，此园在表层审美结构层面，符合了人们对外在的形式的欣赏习惯，创造出赏心悦目的形式美。

6.5.2.3 中层审美结构

园中最醒目的景观当属"闹红一舸"之船舫建筑，其似是而非的特征指向，很容易使人生发幻化出泛舟水上的意境。"若于风声乍起，松涛贯耳之时，远看'闹红一舸'似劈波斩浪迎面而来……碧水行云，使人似觉船身晃动，扁舟已驶，真是'天上有行云，人在行云里'"。❸

这种泛舟水上、乘桴于海的意境是古代文人雅士追求的境界。如苏轼《临江仙》云："长恨此身非我有，何时忘却营营；夜阑风静一纹平，小舟从此逝，江海寄余生"。

这种泛舟自在、超然物外的人生境界，是景观的重要表现主题。苏舜钦在《沧浪亭记》中描绘了沧浪亭的自在生活："予时傍小舟幅巾以往，至则洒然忘归，觞而浩歌。踞而仰笑，野老不至，鱼鸟共乐，形体既适，则神不烦；观听无邪，则达道以明。"袁枚《制小艇》也描绘了随园中的泛舟情景："一个舟如叶，飘然秋水天。初登波未稳，学荡橹犹偏。拾翠青塘月，浮花日暮烟。朝来忘系缆，吹过画桥边。" 退思园也正是以"闹红一舸"（图6-25）创造出一个"泛舟水上"的基本结构，待人自去充实完善，生成超然意境。

此外，园中诸景如建筑、峰石、假山、小草、古树、池水、红鱼、无不恰如其所，怡然自得，和谐完美，使人生发"万类自由"、"天下人同"的意境，人类聚首，和谐、平等、安详、愉悦，表现出生命的欢欣境象。

这种生命欢欣场景不同于"青山绿水庭"中对生命力量的表现与赞颂，而是对生命和谐浑同的表陈。小小之园容下了无限的时空，也容下了无限的生命，容下了"理一分殊"、"天理流行"之天理。

为什么小园可容天下，芥子可纳须弥？因为意象、意境是主体审美幻觉的结果，朗格所说的审美幻象、幻境之中，可以超越现实世界的尺度与空间标准。小园生成无限空间，是现实的虚假，但却是想象的真实。中国艺术意境论主张要遵从想象的真实，而超越对现实的真实描摹，从再现走向表现，才是艺术的正途，才能通达人心本处，这是中国艺术独步天下的高明之处，绘画、诗歌、戏剧、音乐、无不如此，园林也概莫能外。

---

37 周武忠. 城市园林艺术[M]. 南京：东南大学出版社，2000：219

6.5.2.4 深层审美结构

退思园（图6-26）可以引人生发"水流人不竞，云在意俱迟"（杜甫）、"山光悦鸟性，潭影空人心"（常建）等颇具哲思的意蕴，在于其独特的深层审美结构：特征图式——"宇宙韵律"。

对于宇宙韵律，王毅先生评论东晋湛方生诗的时候阐释说："在诗人描绘的境界中，有清湛的碧空、耸立的庐峰、澄澈的江水、莹洁的岸径、苍郁的林木等众多妍丽自然景观。但显而易见，作者在这里感受最深的并非这些景观形貌光色的魅力，而是由这些景物构成的绵邈深远的空间层次、情脉悠悠无限而富于变化的自然运迈、它们与审美者心绪思境的冥合，所有这一切浑融在一起，也就是和谐而永恒的宇宙韵律。"[38]

陶渊明诗中最有名的句子是："采菊东篱下，悠然见南山。山气日夕佳，飞鸟相与还。此中有真意，欲辩已忘言"。"其中'采菊'云云已将审美情感与园景乃至宇宙空间的融合成功地表现出来，那么他为何还要说'此中有真意，欲辩已忘言'呢?现在我们不难看出，这'真意'就是在心灵深处体味到的和谐而永恒的宇宙韵律，而只有它才是最完美、最深致、最微妙的……陶渊明以后的历代士人、艺术家都无不把神领和表现宇宙韵律作为艺术创作的最高境界。"[39]

《园林与中国文化》一书把中国人观念中的宇宙本质的外在特征归纳为无限广大与涵盖万物，内在特征归纳为和谐而永恒的生命韵律。中国的古代艺术，尤其是园林，确实多从此入手对宇宙本质加以表现，退思园可谓代表，下面逐一分析。

（1）无限广大特征。以实体真实摹写宇宙的无限广大特征，无论秦宫汉苑，都是不可能的。所以中国园林历来走的是"写意"之路——以特征表现为主，传达出无限广大之意即可，这在中唐以后的"壶中天地"的追求中渐渐成熟。

在有限空间中，置石的形态多变、叠山之意态万千、理水之变幻莫测、花木之幽荫明灭、空间之迁宛流轶、曲折旷奥、景象之藏隐透借以及余脉、水口等诸多经典手法，都是为一个目的服务——创造无限广大的特征。

这种特征是充分调动主体主观能动作用的结果。退思园中总体空间布局之曲折掩隐的特征十分清晰，空间层次丰富多变，水口、连山引人遐思。

（2）涵盖万物的特征。在园林中即表现为万物皆备的特征。自然中的典型代表：

---

38 王毅. 园林与中国文化[M]. 上海：上海人民出版社，1990：300
39 王毅. 园林与中国文化[M]. 上海：上海人民出版社，1990：301

石、水、树、天光云影、游鱼鸣蝉，无不尽驻园中；人类社会的亭台楼阁、琴棋书画、居游赏聚，也无一缺席。全园仿佛成为世界的缩影，凝聚了宇宙苍生万物之精华。

（3）生机永恒的特征。"生生不息之谓易"。园中松竹梅荷、游鱼鸣蝉，尽显生命特征，起翘如飞的翼角、若行若动的峰石、源流无尽的水体、明灭的光线、流动不止的云朵、红灯绿树蓝天碧水，一片生机勃勃，生意盎然。

且一年四季，景色变换，四季更迭，风花雪月，宇宙中的时间流逝与轮回，也尽在园中展现。水体的物相变化、草木之枯荣、山之四季之相、寒暑之变迁、日照之斜直运迈迁化，"逝者如斯夫，不舍昼夜"周而复始，无尽无止，人在园中，即可最明显地体会到生命与永恒的宇宙特征。反观今人，居于人工环境中忙忙碌碌的人们，早已远离了真实的世界，也无从感受到感悟生命、体认天理的愉悦了。

（4）万物和谐的特征。在退思园中，我们体会最深的就是其中的和谐，这种万物浑同、和谐融贯的特征，是古人十分注重表现的宇宙本质特征。

这种和谐表现为一种互无冲突的生机，电视片《动物世界》中展现的生机是在竞争、冲突中展现的。而古人讲究的生机是自由自在、融贯和谐的状态。园中可见，各景物要素虽各具特色，时而略有对比，但绝不冲突，而是谦恭礼让，各得其所，怡然自得。

这种和谐是要"和而不同"，是建立在保持个体独立性基础上的和谐。和谐是个体与整体关系的矛盾统一体，个体与整体的关系的处理，是能否和谐的关键，对于这个问题，一般存在两个极端。

一是强调个体价值，保持了个体的独立性，但失去了对整体关系的把握，从而形成冲突、偶然、矛盾。解构主义指导下的拉·维莱特公园，即是此极端。打破整体的垄断，还个体以自由，但并无和谐可言。

二是强调整体，却忽略了个体价值。如巴洛克式的广场，明确的几何中心，规定了整体的一统与个体的服从。表现出外在强力的硬性规定，而使个体丧失了自由与独立价值。

真正的和谐，既要求整体的协调，又要求个体的独立性与自由。中国园林对这种和谐的表现方法是拓扑。朱光亚先生指出中国古典园林通过向心、互否、互含构成拓扑关系（图7-20）。❹ 拓扑关系，既保证了个体变换自由与独立的价值，又保证了整体关系的系统协调。（关于拓扑的解析，详见7.6）

静观退思园，每个个体，树、石、榭、舸，各有位置，自有朝向，各具特

40 朱光亚. 中国古典园林的拓扑关系[J]. 建筑学报.1988（8）：33

点，个体价值体现得极为明显，自成世界。诸意象极似多位文人雅士，若聚而相语，或独而静思，神怡志逸，逍遥自在。从整体上，又因以水池为中心的拓扑关系，保证了整体结构的系统性、完整性，表现了宇宙万物和谐的特征。

通过对宇宙本质特征的充分表现，此园激唤出审美主体的相应的心灵图式，建构出"宇宙韵律"的特征图式，心与境契，引发主体生成有关宇宙苍生、万物运迈的诸多意蕴与感怀。

图片索引

图6- 17 特征图式 / 天坛.吴家骅.环境设计史纲[M].重庆:重庆大学出版社,2002：6

图6- 17 特征图式 / 天坛平面图.侯幼彬，李琬贞.中国古代建筑历史图说[M]. 北京:中国建筑工业出版社，2002：136

图6- 18 生机无尽 / 网师园.刘晓光摄

图6- 19 生命无常 / 南禅院.刘庭风. 中日古典园林比较[M]. 天津：天津大学出版社，2003：8

图6- 20 抽象投射 / 昆明大观楼.刘晓光摄

图6- 21 简约凝练 / 青山绿水庭平面.章俊华. 日本景观设计师　枡野俊明[M]. 北京：中国建筑工业出版社，2002：16

图6- 22 咫尺山林 / 青山绿水庭.章俊华. 日本景观设计师　枡野俊明[M]. 北京：中国建筑工业出版社，2002：29

图6- 23 生命姿态 / 青山绿水庭.章俊华. 日本景观设计师　枡野俊明[M]. 北京：中国建筑工业出版社，2002：17

图6- 24 退思补过 / 退思园. 刘晓光摄

图6- 25 心寄沧海 / 闹红一舸. 刘晓光摄

图6- 26 宇宙韵律 / 退思园. 刘晓光摄

景观美学

AESTHETICS OF LANDSCAPE ARCHITECTURE

　　景观学是一门实践性极强的应用学科，其理论研究包括景观美学在内，不应仅仅停留在理论研究层面，而应落实到方法论层面。只有直接指导创作实践，理论研究才能真正转化为价值，实现根本目标。从景观美学的视角考察，当代中国景观创作中存在着许多问题。问题的原因，主要在于景观美学理论与景观创作方法的缺失。前面诸章，解决的是景观美学的理论阐释；本章就是针对当代景观创作问题进行研究，并提出相应的景观创作原则与方法。

7.1 当代景观审美创作的问题

7.1.1 形式美层次的问题

7.1.1.1 审美的简易性与景观创作问题

　　单纯的景观形式美，由于不必考虑审美意蕴的表现，可以充分地自我表现。换句话说，简便易行，因而可以为大多数人所掌握。

　　其优点在于，没有过多的内在制约，可以使形式、技术及功能比较容易地结合，对于技术、功能要求较高的景观，用形式美来达到审美要求就简单易行，容易实现。如荷兰海边高速路旁的东斯尔德工程（图7-1），考虑工程的经济技术要求以及高速度的观赏方式，创造出简洁的形式美就比较恰当。

　　形式美的不足在于，缺少更深的内涵。感知觉的愉悦是人的生理、心理审美需求的浅层，而远非全部。现代社会追求感官

图7- 1 **简易适用** /
　　　东斯尔德工程

刺激的现象，只能说这种水平的需求是当下时尚的需求，而不能认为人类已经丧失了对景观内涵的需求。止步于这一审美层次，最终只能导致肤浅与乏味，这是我国当前景观作品中的一个重要问题。

7.1.1.2 审美的原始性与景观创作问题

动物也具有形式美感，例如孔雀开屏，猩猩绘画，虽然还没有上升到人类的形式审美层次，但却是形式美感的基础体现。表层审美结构从作用的感官与引发的形式愉悦的角度，先天的带有人的原始性特征：本能性、大众性、普遍性、易知性、直接性。这种特性带来的优点在于以下方面。

适应当前的社会需求。当今社会，尤其在中国，是一个观念迭出、节奏加快、压力加大、个性丧失的转型社会。当代社会不再是原始人逃避自然压力的避难所，却正成为不断施压的又一个"人自己创造的奴隶主"。相反，自然却成为人们心灵的避难所，趋近自然的需求日益强烈，出现了"异化人的自然化回归"，甚至出现了追随梭罗的思想热潮。当代社会给现代人的内在压力与恐惧，与大自然带给原始人的外在迷惑与茫然是近似的。现代人个性、自我的迷失，迫切需求一种秩序，以便能够从异化的混乱中把握自己，找到安定感。所以，传统的形式美原则之下的秩序化、稳定化、理性化的景观作品依然在当今社会中广受欢迎。

适应形式刺激的需求。当今社会的人们，既感受到商业社会的混乱的压力，需求秩序；却又难以抵挡时尚主义、消费主义、流行观念的诱惑，在两难的矛盾中，感受最直接的是来自于感官的享乐刺激，能够直接作用于感官的景观形式也就成了最受追捧的对象。库哈斯的中央电视台"大裤衩"，安德鲁的国家大剧院"巨蛋"，以及鸟巢、水立方等，刺激性的形象也就成了关注的中心，而像岐江公园这种以内在实力获奖却需要细心品味的作品，却无缘在专业领域外得到关注。因此，形式层面的探索也出现了突破传统形式美的百花齐放的局面，设计师也就成了商业明星，如屈米、库哈斯、施瓦茨。

对此种种风尚，李泽厚总结说，"情欲的放纵、本能的倾泻、被压抑过久的无意识地冲出……是这股新的近代倾向的强大动力；它们不是表现在成熟的美学理论上，而毋宁是表现在具体的审美趣味上，他们以各种不同形式和在不同程度上表现了对传统的标准、规范、尺度的破坏和违反。例如公开提倡和追求'趣''险''巧''怪''浅''俗''艳''谑''惊''骇''疵''出其不意''冷水

图7- 2 **形式主宰/**
　　　　某开发区方案

浇背'等。便与'温柔敦厚'的传统诗教、'成教化助人伦'的儒学准则，实际距离拉得相当远了。"❶ "不再刻意追求符合'温柔敦厚'，而是开始怀疑'温柔敦厚'；不必再是优美、宁静、和谐、深沉、冲淡、平远，而是不避甚至追求上述种种'惊''俗''艳''骇"等。审美趣味中出现的这种倾向，表明文艺欣赏和创作不再完全依附或从属于儒家传统所强调的人伦教化，而在争取自身的独立性，也表现人们的审美风尚具有了更多的口常生活的感性快乐。"❷

　　这种特性带来的缺点在于以下几个方面。

　　（1）追求简单的感知觉愉悦。这虽然是大众审美社会的需求特征，但难免动物性本能。人，作为高级动物，追求感官愉悦如同满足口腹之欲，就会贬抑人的自身价值。

　　（2）流于形式。单纯追求形式的审美，就会容易流于形式的层次，变成技巧的玩弄、理论的游戏、时髦词汇的编造，就像当前杂志上许多言辞新潮而又不知所云的文字游戏。当那些没有深层内涵、不顾审美对象、自我表现化的形式占据人们的审美意识的时候，"人做了自己所发现、掌握、扩大的形式力量和理性结构的奴隶。"❸人也就迷失在形式制造的时尚潮流中，失去了自己，失去了灵魂。

　　（3）传统形式美如果成了金科玉律，也便成了陈词滥调，取代人的创造力，而成为形式创造的主宰。正如我们常见到，评标得胜者，大都是在形式层面让决策者看得懂，所以有人总结："一定要有一个形式感较强的整体构图。"（图7-2）

1 李泽厚. 李泽厚十年集[M]. 合肥：安徽文艺出版社，1994：395
2 李泽厚. 李泽厚十年集[M]. 合肥：安徽文艺出版社，1994：397
3 李泽厚. 李泽厚十年集[M]. 合肥：安徽文艺出版社，1994：477

为何？很简单，唯此决策者能看懂。艰深的、优秀的景观作品，如果形式层面不被领导接受，难免白费力气，这就造成了社会性的审美水平低下、景观作品水平低下的现实问题。

7.1.2 意境美层次的问题

7.1.2.1 忽视意境美设计

形式美注重的是物象间的内在秩序，意境美注重的是虚实相生的意境中的象征性生存，意蕴美注重的是景观对人生体验的激唤。目前景观设计中存在着忽视意境与意象设计的状况，只重视形式美层次，而忽视意境美的设计，当然也就更谈不上意蕴美。

李泽厚认为，"当艺术作品的主流完全变成纯形式美、装饰美而长期如此的时候，为什么人们就会不满足呢？这就是因为纯形式的美毕竟太宽泛，太朦胧了。人毕竟是生物存在的人，同时也是社会现实的人，他要求了解、观赏与自己有关的时代、生活、生命和人生；人们好些具体的情欲、意向要求具体的对象化，要求有客观的对应物。如果光是装饰美，形式美、纯粹美，不管如何好，也不可能满足。"❹

中层审美结构由于主体统觉、情感、想象活动的加工，而更多地与主体的情感、经验、志趣、愿望相联系，引发的是更深层次、更复杂、更丰富、更高级的心理愉悦，超越了形式美的本能性的感官愉悦。

许多景观名作，其设计都是以建构意境美为出发点，同时注意了形式的美感。如布里昂家族墓地，一道混凝土飞拱，两只相倾的石棺，仿佛一对恩爱夫妻在天宇的庇护下永恒相守。路易斯·康设计的萨尔克生物研究所中庭，用静止的墙体、稳定的空间，把人的思绪引向远处的大海，建构了一个"没有屋顶的教堂"式的纯精神空间。现在的大多数设计，要么出发点就止步于形式表层；要么过于具象如同儿戏，缺少主体参与的想象空间；或者是过于抽象，难以引人生成艺术的幻象世界，过分注重作者的意图与自我表现，孤芳自赏而不为社会所接受。

过度强调形式美，忽视意境美，无法满足人们的审美需求，也有碍于景观审美向更深层次迈进。

---

4 李泽厚. 李泽厚十年集[M]. 合肥：安徽文艺出版社，1994：570

7.1.2.2 意境、意象设计程式化

景观因为意象、意境中的"意"而耐人寻味。但是在当今社会，信息与复制技术高度发达的时代，原本优美可人的"小桥流水"等传统意境设计由于不断地重复与大量的仿制而日益沦丧其意味，成为规范化的程式，变成了一种时尚的美化方式与点缀手法。无深度、无意味、无主流、无中心的商业艺术的"消解"大潮正把这种"小桥流水"中的诗情画意剔除，而成了一个可以随处安放的美丽空壳，一个可以任意套用的空洞形式，如某些商业化设计机构到处使用的"纯熟"的景观设计。

7.1.2.3 有象无境

各种景观意象之间如果缺乏整体联系，就无法形成景观的整体结构，无法深化成整体意境。当代景观中，不分场合随意造型的雕塑、柱、廊；不成系统的种植；莫名其妙的堆石……因为缺乏设计的整体目标，就难以围绕这个设计目标进行意象组织，只能是意象的无序堆积，也就难以达到升华的境界。

7.1.2.4 有境无蕴

景观意境的生成，在于意象系统的组织。由于主体的品位、审美能力、经验不同，对于同一景观，不同的人，不同时代、不同地域的人，生发的意境是迥然不同的，进而也就存在着高下之分，即古人的上品、下品之分。

一般的景观能够引人生成意境中的实境，如狮子林，可以带来具象的乐趣。优秀的景观，能够引人生成意境中的虚境，给人更多的遐思空间与乐趣。杰出的景观，不仅引人生成实境、虚境，还由于生成的意境具有鲜明的整体特征，蕴藏着深层的特征图式而通达人类心灵的深处，不仅限于带来一时的情趣之乐，而是更蕴意味，可以超越时空，指向永恒，成为上品。

当今的景观设计，由于忽视意境美的设计，能够引人生成意境中的实境的并不多；由于对虚实原则的把握不足，难以引人生成虚实相生的意境；由于对景观深层审美结构创作的特征原则理解不深，造成了有境无蕴的现象。这些问题的出现，主要原因在于目前对于景观美学研究的不足，我们的景观审美教育还停留在

从包豪斯教育体系中引入的形式构成阶段，对于传统景观精华的学习还停留在手法阶段，与其他艺术门类的研究成果比较，还较为落后。

7.1.3　意蕴美层次的问题

7.1.3.1　现代心理意识的变异

人类的普遍情感并不局限于6.1.2论述的心理倾向，但是对照认知性表征的题材类型，可以看出，生命意识、宇宙意识、历史意识历来是人类最普遍的深层的心理意识，是在各个层面、以各种方式（认知的、审美的）都要充分表现的内容，这在古代社会是十分重要的大事，因而传统景观中较多的得以表现。

在巨大变革的中国现代社会中，人的心理意识，也发生着巨大的变化，呈现出多元化、个人化与表面化、浅层化的变异倾向。

首先是多元化、个人化倾向。现代社会中，艺术作品所要表达的生命意识、宇宙意识、历史意识这些人类最普遍的深层的心理意识，已经让位于多元化、个人化的心理意识，设计者或业主自己的情感理念，越来越脱离人类普遍共同的内容，多表现为一己的感受与意念。景观就日益成为个人理念的把玩，也就越来越难以获得普遍的共鸣。

其次是表面化、浅层化倾向。现代社会中，人们过于"现实"，工业化、商业化、消费主义、信息、感官化，使人类心灵的深层审美结构被掩埋，人们满足于表面的感官愉悦，而不再关注深层的心灵需求，使得整个社会的创造与生活流于肤浅。相应地，景观也就成了一种构图的游戏，一种贴金的形象工程。稍微严肃一点的，也只是为了解决物质生命存在而不得已为之的生态手段。

人类对自然的征服与破坏，已经受到了应有的报应，环境污染与自然灾害使肉体生存成了问题。而人类还没有认识到，对内在自我深层的心灵的忽视和扭曲，即使肉体存在不成问题甚或富足，也必将导致同样的精神与灵魂的生存问题。

7.1.3.2　意蕴美的忽视

目前，景观意蕴美的研究还停留在传统的经验性论述，或者从几何学等外在角度去研究，而缺少运用现代哲学、人类学、心理学、文艺学的成果，缺少从审美性表征的角度去做内在研究；同时，传统的形式美教育，把美局限于形式美范畴，意蕴美与深层审美结构的设计训练还未纳入教育体系。种种因素造成了在景观理论、实践中对于意蕴美的认识极度缺乏。

7.1.3.3 深层审美结构的空白

当今中国的景观设计，或困顿于新形式玩弄，欲创新不得其本；或拘泥于老手法翻新，欲扬古不得其神。根本问题就在于对景观审美结构缺乏系统认识。在传统的景观设计中，已经存在对于深层审美结构的无意识的建构，并取得丰富的成果与经验，但系统的研究与应用还没有开始。景观这个深层审美结构的发现与研究，还未得到重视，研究的滞后影响着设计的发展，景观的审美性表征设计还处于灵感与经验的阶段。

7.1.3.4 特征原则的缺失

景观审美的根本原则是特征原则，但没有被系统地研究，设计实践中也缺乏足够的认识，实践中的具体的创作方法没有充分的梳理与总结。因而在具体的景观设计中，缺乏相应的设计原则与得心应手的创作方法，造成了设计者个人的素养、灵感与经验决定景观设计成败的局面。

产生上述各个层面的景观审美问题的原因，主要在于景观美学理论与景观创作方法的不足。本书的4~6章主要从理论、类型、结构、机制的角度对景观表征进行了系统阐述，可以初步解决理论问题；第7章将结合景观表征理论，对于景观表征创作方法进行初步的探讨，希望能够为景观创作实践提供有效的应用方法。

7.2 总体创作的程序

我们在第4～6章深入解析了景观审美性表征的表层、中层、深层审美结构以及生成机制。这些理论性结果在实际的景观审美创作过程中，可以生成理性、逻辑、系统的创作方法。

景观的审美性表征创作程序应该是深层审美结构、中层审美结构、表层审美结构的由内向外的逐层建构。创作的基本原则是特征原则，而不是传统的形式美原则。

景观的深层审美结构的建构，首先是要意蕴的确立，然后依据这个意蕴确立整体特征，并按照特征原则组织相应的特征系统。

景观的中层审美结构的建构，是在深层审美结构要求下的意境的建构，体现为意象系统的组织。要依据特征原则，进行具体的能承载特征的意象找寻、优化。通过同向特征强化、异向特征强化、复合特征强化、主题指引等方法进行意象系统的组织。同时，需要按照虚实原则，进行意境的建构。

景观的表层审美结构的建构，要分别遵从符合三层审美结构建构要求的特征原则、虚实原则、完形原则。要突破传统形式美的局限，需要探寻复杂化、深层化、认知化等景观创作途径。

一般的创作程序如下：

构建深层审美结构 → 构建中层审美结构 → 构建表层审美结构 → 构建客观物象结构

这是一个由里及表、由内而外的创作过程。下面，结合齐康先生的南京大屠杀纪念馆方案的创作构思过程，初步分析创作程序(图6-14～图6-16)。

作者在参观基址时看到，"……雨水冲去了表层的浮土，露出了催人泪下的累累白骨。当地的同志告诉我，在整个场址下，到处都是仅有薄土覆盖的白骨。他们指点着说，当年日军的坦克就是从附近的木桥开过来的。碾压着重叠在这里的我死难同胞的遗骸。真是惨不忍睹，令人发指。对于经历过抗日战争艰苦历程的我，那国破家亡，颠沛流离的往事历历在目，悲愤的波澜激荡着我的胸膛。我仿佛看到在这覆土之下无以计数、无以考证姓氏的死难同胞在挣扎，在悲愤地控诉……啊！创作的激情油然而生，我要通过纪念馆的创作，创造这样一个环境，让前来凭吊的生者随之悲愤，为之控诉，决不允许复活日本军国主义，加倍努力地建设我们美好的家园，保卫我们神圣的祖国，让死难的同胞得以安息。一座纪念性的大墓地——这就是我创作构思的起始。"❺

作者这段话，集中描述了审美性表征创作的构思阶段的情况。

（1）客观情境感受

现场感受是激发作者创作的开始。"……雨水冲去了表层的浮土，露出了催人泪下的累累白骨……真是惨不忍睹，令人发指。"这相当于郑板桥所说的"眼中竹"。

（2）深层审美结构生成

创作意蕴的生成。初步表现为作者生成的情感与意念等主体性内涵。"悲愤的波澜激荡着我的胸膛"、"啊！创作的激情油然而生"这是内涵的情感性部分。"我要通过纪念馆的创作，创造这样一个环境，让前来凭吊的生者随之悲愤，为之控诉，决不允许复活日本军国主义，加倍努力地建设我们美好的家园，保卫我们神圣的祖国，让死难的同胞得以安息。"这是内涵的意念性部分。

心灵图式的把握。作者准确把握了平民遇难的"悲愤"的心灵图式，而不是英雄就义的"悲壮"的心灵图式，把自己感受的"悲愤"要传达转化为前来凭吊的生者生成的"悲愤"，"悲愤"确立为要表现的创作意蕴。

（3）中层审美结构生成

创作意境的初步生成。作者在现场环境信息的激唤下，调动自身的经验、体验、统觉，经过投射与想象活动，在现实场景上生成主观幻境。"对于经历过抗日战争艰苦历程的我，那国破家亡，颠沛流离的往事历历在目，悲愤的波澜激荡着我的胸膛。我仿佛看到在这覆土之下无以计数、无以考证姓氏的死难同胞在挣扎，在悲愤地控诉……"主观幻境往往与创作意蕴同时生成。这个幻境的生成过程很接近于审美意境的生成过程。同时，这个幻境也往往是作者生成的创作意境的原型，也是作者希望通过艺术作品激唤读者生成的审美意境的原型。

中层审美结构中创作意境的确立。"一座纪念性的大墓地——这就是我创作构思的起始"。"墓地"既是确立的创作意境，也概括了作者要创造的深层审美结构的特征图式的外在特征，成为中层审美结构、表层审美结构要表现的核心。这个"墓地"相当于郑板桥所说的"胸中竹"。

中层审美结构的特征组织。从原初"墓地"概括的特征出发，作者进一步整

5 齐康. 构思的钥匙—南京大屠杀纪念馆方案的创作[J]. 新建筑，1986（2）：3

理、强化形成"枯、死、空、寂"的整体特征,把由"悲愤"的心灵图式形成的特征图式的整体特征融入作品之中。

中层审美结构的意象组织。围绕着要传达的"悲愤"意蕴,以及所要创造的"墓地"意境及"枯、死、空、寂"特征,作者组织卵石铺地的庭院、枯树、母亲塑像、断头残手雕塑、棺椁式的陈列室、虚空的屋顶平台、碑刻、围墙、遗骨等意象,并抛弃了一般用来表现正统"陵墓"特征的对称式布局,而采用适合表达平民"墓地"特征的非对称式布局,塑造出具有"枯、死、空、寂"特征的祭悼空间,激发读者产生悲愤、哀痛、压抑的情感与对历史的思索(图7-3、图7-4)。

需要指出的可惜之处在于,没有把"枯、死、空、寂"特征做绝,而引入了另外一条干扰性线索:棺椁陈列室旁边的用来象征生生不息的小喷泉。生生不息与"枯、死、空、寂"是矛盾的,本无须在此处特别强调,却成为了分散整体特征与读者心绪的滋生障碍。如果特征创作能够自觉而非自发、明确理性指向而非依赖灵感、把特征原则贯彻到底,结果可能就会更完善。

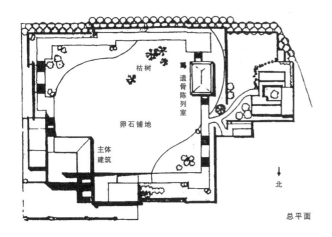

枯树

遗骨陈列室

卵石铺地

主体建筑

北

总平面

图7- 3 **造境传情** /
南京大屠杀纪念馆
图7- 4 **墓地意境** /
南京大屠杀纪念馆

（4）表层审美结构的生成。在具体的设计过程中，通过对形式、尺度、比例、材质、色彩等多方面的具体的、详实的设计，上述意象群与整体布局逐渐从作者头脑中的形象转换为具体的视觉形式。再通过实际的施工，创造出景观的客体结构，创作主体的意蕴就通过作品一步步地传达给读者。

需要说明的是，这只是对一个具体的审美性表征创作过程的一个理性的分析与解读。作品的深层审美结构、中层审美结构、表层审美结构的生成建构过程因人而异，也并不一定都是一个严谨的理性的逻辑过程，往往表现为瞬时生成的相互交织的共生状态，具有感性、共时性、瞬时性特征。下面仅从理性的角度，对创作程序逐层展开的具体分析。

7.3 总体创作的原则

在景观审美性表征的创作中，最重要的是要把握特征原则，而不是景观传统形式创作方法的形式美原则。

结合各层审美结构的创作要求，景观审美结构创作原则体系如下（表7-1）：

	特征原则	虚实原则	完形原则
深层审美结构	●		
中层审美结构	●	●	
表层审美结构	●	●	●

表7-1 景观审美结构创作原则体系

景观的深层审美结构——特征图式的创造，是景观艺术创作的最终目的。具体到作品上，便是以景观的整体结构特征来表现特征图式。唯有特征，才可能把抽象意蕴与具体的艺术形象沟通起来，它是无形的内心世界与有形的外在形象的唯一交集，是二者建立关联的唯一中介。所以，景观艺术创作的原则应该是特征原则。

艺术创作的这个特征原则，很早就受到艺术界的高度重视。德国的希尔特认为，正确地评判艺术美和培养艺术鉴赏力的基础就在于掌握艺术的特征原则。歌德也认为艺术应该是显现特征的艺术。

丹纳在《艺术哲学》中把特征作为艺术的首要原则。他说："我们只说艺术的目的是表现事物的主要特征，表现事物的某个凸出而显著的属性，某个重要观点，某种主要状态"。"艺术品等级的高低取决于它表现的历史特征或心理特征的重要、稳定与深刻的程度。""作品所感染所表现的特征越居于普遍的、支配一切的地位，作品越美。"❻别林斯基也认为："艺术性在于：以一个特征，一句话就能生动而完整地表现出：若不如此，也许用十本书都说不完的东西。"❼

丹纳断言："特征的价值与艺术品的价值完全一致，艺术品表现了特征，就具备特征在现实事物中的价值。特征本身价值的大小决定作品价值的大

6 丹纳. 艺术哲学[M]. 北京：人民文学出版社 ，1983：23
7 别林斯基. 别林斯基论文学[M]. 北京：新文艺出版社，1958：121-122

小。""特征越经久越深刻，作品占的地位越高。"丹纳据此认为艺术的任务就是如何捕捉、强化和表现主要特征。他说："艺术品的目的是使一个显著的特征居于支配一切的地位。""艺术家为此特别删节那些遮盖特征的东西。挑出那些表现特征的东西，对于特征变质的部分都加以修正，对于特征消失的部分都加以改造。""我们发现艺术家运用作品所有的元素，把元素所有的效果集中的时候，特征的形象才格外显著。"[8]

这里所说的特征，丹纳称为"主要特征"。在丹纳的特征理论中，"主要特征"至少有两个特性：一是如果存在多种特征，那么主要特征就是其中占主要地位、居支配地位的特征，别的次要特征的存在与作用是突出主要特征的；二是主要特征是更能集中体现事物本质的细节，"某一特征所以更重要，是因为更接近事物的本质"，即那些"最基本、最普遍、与本体关系最密切的特征"。[9]

"格式塔"心理学美学代表——阿恩海姆在《艺术与视知觉》中把丹纳的"主要特征"称为"结构特征"。"他认为，'结构特征'是最能体现该事物特质的个别的突出的标记或特征。从一件复杂的事物身上选择出几个突出的特征，'就能够决定对一个知觉对象的认识，并能创造出一个完整的样式'。面对这样一种样式，'不仅足以使人把事物识别出来，而且能够传出一种生动的印象，使人觉得这就是那个现实事物的完整形象'，'还能够唤起人们对这一复杂事物的回忆'。"[10]

林兴宅认为，"从审美的角度理解艺术的特征原则，就是强调艺术家要创造出具有鲜明特征性的艺术形象，以激发欣赏者的联想、想象和情感活动，就是侧重于从特征对审美主体的表现功能这一角度理解艺术特征的意义。审美意义上的'特征'不是生活特征的简单模拟和再现，而是经过艺术家加工过的强化了的特征，而且是形式化了的特征，即媒介材料构成的独特的结构样式。"[11]

中国传统艺术讲求的"传神"，就是要求用一个细节特征准确地再现出对象的特殊风采，达到本质的真实。

景观中，天坛突出"宏大"、"宁静"、"纯净"、"空阔"特征，拙政园突出万物和谐特征，泰纳喷泉突出神秘特征等，都很好地把握了特征原则，才具有感人的力量。

在景观审美性表征创作中，就要把特征原则贯彻到景观的深层、中层、表层审美结构，才能够最终表现作者所领悟的心灵图式。同时，还要兼顾到各层自身的原则要求，才能最终创造出既具有总体特征的，又具有各层次自身特色的整体作品。

8 丹纳. 艺术哲学[M]. 北京：人民文学出版社，1983：23
9 巫汉祥. 文艺符号新论[M]. 厦门：厦门大学出版社，2002：23-24
10 巫汉祥. 文艺符号新论[M]. 厦门：厦门大学出版社，2002：25
11 林兴宅. 象征论文艺学导论[M]. 北京：人民文学出版社，1993：302

7.4 深层审美结构的创作方法

7.4.1 意蕴的确立

深层审美结构是景观审美性表征创作的核心，能否提供这个艺术层次是区分艺术与非艺术、好艺术与坏艺术的重要标准。而这个艺术层次的核心是意蕴的确立，实际上也就是心灵图式的确立。

创作者自己先要有内心所领悟、所感受、所要表现的意蕴，创作才有真正的内在灵魂和起点。因为"艺术家的创作就是把自己领悟到的某种普遍性的人类心灵图式转化为直觉造型，或者说是赋予某种抽象的精神结构以感性的外观。"[12]

我们在6.1.2具体讨论了景观意蕴的指向类型，其中，生命意识、宇宙意识、历史意识是表现最普遍、影响最深远的三种基本指向。当然，人类心灵图式所蕴含的意蕴内容并不止于这几种类型，在具体的景观创作中，所要表现的意蕴可能是不同的，需要依照具体的内容、语境来确定，但都要求具有共同特征，就是都是人类普遍、基本、深层的情感体验。

历来，伟大的景观多出自智者的手笔，如袁枚、李渔、文征明、计成、勒若特。他们都不限于具体的造园手法，而是关注更广泛的人生、宇宙、历史……熟悉人生百味，才有精品的产生。这是主体的创作素养的必要条件。

古代园林设计师与理论家，以文人居多。"三分匠人，七分主人"，能主之人，大多数通古知今，对人生、对历史、对宇宙有深刻的思考与领悟。从东晋的陶渊明、唐朝的白居易、宋朝的林浦、元朝的倪云林、明代的计成、文征明、清代李渔等，无论从他们的造园作品、造园论著，还是景园诗文中，都体现的十分明显。[13] 也许是古人专业分工不细之故，反而能心胸开阔，眼光高远，遂成就造园的辉煌；反观今天，专业化的社会分工与技能层面的精雕细刻，反而使从业者无心它顾、"两耳不闻圣贤事，一心只读技法书"、视野狭隘、目光短浅、胸无丘壑，必然出产平庸之物。但这并非是个人问题，而是社会的普遍问题，仅从景观角度都可看出，这是一种倒退。

李泽厚针对艺术家的修养，强调艺术家要感受"社会氛围"。他说："我认为作家、艺术家最重要的就是善于感受这种种氛围，特别是具有深刻意义的社会氛围，因为这种社会氛围能集中表现社会的潮流、时代气息、生活的本质，它和

---

12 林兴宅. 象征论文艺学导论[M]. 北京：人民文学出版社，1993：332
13 艾定增，梁敦睦. 中国风景园林文学作品选析[M]. 北京：中国建筑工业出版社，1993.

人们的命运、需要、期待交织在一起，其中包括有炽烈的情感，有冷静地思考，有实际的行动，从而具有深刻的人生意味。……善于感受和捕捉艺术氛围，对艺术创作是很重要的。这就是生活积淀，即把社会氛围转化入作品，使作品获有特定的人生意味和审美情调，生活积淀在艺术中了。"[14]

林兴宅先生认为，"艺术家不能局限于自己狭小的生活经验，咀嚼身边小小的悲欢，而要具备高瞻远瞩的哲学意识，要有关注人类命运的博大胸怀，要有穿透人生底蕴的深邃眼光，要有洞察灵魂幽秘的悟性……一句话，创作者要积极的领悟、把握心灵图式。"[15]

在具体的创作过程中，意蕴的确立一般存在两种情况，一种是创作主体在某种特定场景的刺激下，所感所悟，并直接生成要表现的意蕴。如画家蒙克创作《呐喊》，是在一次夕阳景象的触动下，"天空变得血样的红，一阵忧伤涌上心头"。[16] 由此，通过创作《呐喊》表现出欲辩难言的"表达的痛苦"的心灵图式。齐康先生在创作南京大屠杀纪念馆时，面对现场的累累白骨，"那国破家亡，颠沛流离的往事历历在目，悲愤的波澜激荡着我的胸膛。"具体场景即时地促发生成精神意蕴，成为创作意蕴的起点，这需要创作者敏锐的艺术感受力。

这是一种瞬间灵感性的立意过程，其中要表现的意蕴常常潜存在创作主体在场景特征刺激下生成的意境之中，意蕴、特征、意境交织在一起，是人与境浑，这是真实的创作状态，而意蕴、特征、意境只是后来的理性研究分析结果。

再有一种就是创作主体经过长时间的积累，对于某些心灵图式感受颇深，在适当的创作机会中加以表现。这是一种厚积薄发、深思熟虑的立意方式，源自一种自觉的表现动机，有时甚至成为一种社会或文化共识，成为共同的艺术追求。例如，中国文人通过园林对于宇宙、生命、历史意识的表现，日本园林对于禅意的表现等。这种立意方式，需要创作者深厚的文化积淀。

7.4.2 整体特征的确立

我们反复讨论过，"心灵图式"需要转化为"特征图式"才能被感知。因此，从主观角度，创作者必须能够把握人类的心灵图式；从客观角度，要在作品中以意象系统的整体特征来构建特征图式。

艺术创作的特征原则在景观的深层审美结构的建构中，体现为作者把领悟到

14 李泽厚. 李泽厚十年集[M]. 合肥：安徽文艺出版社，1994：578
15 林兴宅. 象征论文艺学导论[M]. 北京：人民文学出版社，1993：336
16 林兴宅. 象征论文艺学导论[M]. 北京：人民文学出版社，1993：181

的、要表现的抽象的精神意蕴转换为某种可以通过形式进行表达的特征。这是一个特征捕捉的过程。

优秀的景观作品都是通过捕捉某种特征，来最贴切、最妥帖地表现主体领悟的意蕴。并最终通过作品的整体结构特征体现出来。例如，枡野俊明的"青山绿水庭"抓住了"生命的力量"的特征；筑波中心景观抓住了"生命无常"的特征；拙政园抓住了"宇宙和谐运迈"的特征。日本传统园林对禅的表现，也是通过准确捕捉禅的特征。"它那对刹那间感受的捕捉，它那对空寂的追求，它那感伤、凄怆、悲凉、孤独的境地，它那轻生喜灭、以死为美……总之，它那所谓"物之哀"，都更突出了禅的本质特征。"[17]

在确立要表现的意蕴之后，最重要的设计构思环节就是捕捉能够表现这个意蕴的特征。那么这个"主要特征"、"结构特征"应该如何捕捉？这显然是一个难度巨大的课题。从创作过程分析，有两种基本方式，第一种是直觉式。由具体场景激发出的创作者人与境浑的状态中，这种特征就已经显现在了生成的创作意境中，是创作者即时直觉把握的结果；第二种是厚积薄发式。特征是深思熟虑、反复推敲的结果。从创作主体素养的角度，一般都是说，作者要有充分的生活积累，敏锐的艺术感觉，丰富的创作经验，但这些说法显然还不够充分与扎实。对此，有各种不同的认识，李泽厚甚至认为，"这种创作是'无法之法'。它不能教，没有固定的法则方式，纯靠艺术家个人去捕捉从而去表现既有理性内容，又不能用概念来认识和表达的东西，创造既是典范又是独创的富有人生意味的作品。"[18]

这是个非常重要的创作主体论课题，需要进行充分的针对性研究，本书对此不做展开。

在确立景观整体特征之后，下一环节就是把景观的深层审美结构转换为中层审美结构。

17 李泽厚. 李泽厚十年集[M]. 合肥：安徽文艺出版社，1994：577
18 李泽厚. 李泽厚十年集[M]. 合肥：安徽文艺出版社，1994：577

7.5 中层审美结构的创作方法

中层审美结构是景观创作的核心环节。它既是深层审美结构的形式化外现，又是表层审美结构的目的与范式。

在深层审美结构中确立的整体特征，必须通过可视化途径，即具体可感的意境让人感知，否则，这个特征就只能是作者头脑中的抽象概念，无法传达给读者。

本节要讨论的中层审美结构，最终就落实为在这种整体特征要求前提下的意境创造。这一层次创作的起点是创作意境。

这里所谈的创作意境，与欣赏角度的审美意境不同，是从创作的视角分析，是创作主体生成的，如齐康先生在南京大屠杀纪念馆创作过程中所形成的"一个纪念性的大墓地"，即郑板桥所说的"胸中之竹"。

这种创作意境，要求把要表现的意蕴以及相应的主要特征转换为可以感知的具体创作形象。尽管这个创作意境可能模糊不定，甚至只是一个核心意象，但它是深层审美结构的载体，是中层审美结构艺术形象创造的起点与原型。它成为一个具体可感的创作蓝图，是下面各种创作环节的核心，是创作主体所要通过各种意象组织来实现的最终目标，和创作主体要通过作品传达给读者、激唤读者生发无尽意蕴的原始图景。

把抽象的意蕴与主要特征转换为具体可感的意境或意象，这一环节在创作中是十分必要的，阿恩海姆通过大量实验证明，任何思维，尤其是创造性思维，都是通过意象进行的。"伍重对悉尼歌剧院的设计方向是'归港的船帆'，勒·柯布西耶对朗香教堂的设计最初确定的目标是'上帝的听觉器官'，尽管这些目标很富有新意，但如果不与最初的建筑意象相结合，不把它们物化为初步的建筑语言，那么这些目标就只能算是一纸空文，一句空洞的口号。"[19] 许多景观、建筑设计大师的具体创作是从意象开始的。"通常意义上所说的建筑灵感多在这时闪现，因而它对整个构思阶段，或者说对整个建筑创作思维过程的进行都是至关重要，能否合理地确定目标，恰当的形成建筑意象或者说能否充分的发现问题是整个建筑创作成败的一个关键所在。"[20] 这个创作意境的生成，具有鲜明的主体性特征，因人而异，也是一个较难的课题，非本书所能阐述。这里论述的是如何围绕这个创作意境组织意象系统，并将之最终落实到景观作品之中的创作方法。

中层审美结构创作中，有两条重要的艺术创作原则，一个仍然是从深层审

19 张伶伶，李存东. 建筑创作过程的思维与表达[M]. 北京：中国建筑工业出版社，2001：35
20 张伶伶，李存东. 建筑创作过程的思维与表达[M]. 北京：中国建筑工业出版社，2001：36

美结构贯彻下来的特征原则，另一个是中层审美结构自身创作的虚实原则。艺术创作的特征原则，贯穿到中层审美结构创作中，体现为意境与意象的特征组织，这是中层审美结构充分体现深层审美结构确立的整体特征的必要保证。艺术创作的虚实原则，是创造承载整体特征、同时创造意境美的意境的创作原则。

7.5.1 意境特征的组织

在7.4.2中确立的整体特征，在创作意境还只表现为初步的轮廓，它需要深化、具体体现为意象系统的整体特征，从而转化为景观作品意境的整体特征。

从中层审美结构角度看，艺术作品就是一个意象系统，而意象系统是由一个个独立而又相关的意象建构成的。所以，作品意境的整体特征落实到更具体层面，是要创造意象系统的整体特征，特征创作程序模型如下（图7-5）。

图7- 5 特征创作程序模型

意象系统的整体特征是整个创作链上的核心环节，由两部分构成：独立意象的特征（每个意象的存在价值实质就在于其承载的特征）；具有独立特征的整体组织结构。

景观中每个意象具有多样的特征，诸多意象会形成极为复杂的特征关系。那么，景观中必须有一种内在秩序，保证诸多独立的意象特征能够建构出个体特征的共同指向——意境的整体特征。这个内在秩序就是语境，它就是特征群的整体组织结构。在创作中，有许多具体方法形成语境秩序，下面简要介绍几种应用较多的创作方法。

7.5.1.1 同向特征强化方法

同向特征强化方法就是通过强化意象的共同特征来形成一个单一语境，其共同特征就形成一个强烈的、主要的、统一的特征指向——意境整体特征。

单一意象由于难以形成语境，其特征指向模糊，而难以完成构建整体特征的任务，这就是为什么需要意象系统的共同建构。这就是"求同"，即意象之间互相强调，互相补充，使各自不明显的共同特征由于反复强调而成为群体特征。

滕守尧在《审美心理描述》中以马志远的《天净沙·秋思》中"枯藤老树昏鸦"为例，分析了同向特征强化使整体特征显现的过程。他指出，"当诗人把一丛枯藤的表象呈现于人们眼前时，他是无法达到其表现目的的，甲可能会对枯藤的坚韧感兴趣，乙看到它，可能会把它视作好燃料，在此情况下，人们无法看出诗人的意图，把握不到诗人要用它表达什么感情，这时候，诗人在枯藤旁边再加上一棵老树和几只在寒风中绕树盘旋的乌鸦，情况就大不一样了。老树、寒鸦与枯藤三者尽管有不同的表象，但都具有相同的内在性质：枯败、萎缩、饥寒、破落。再加之三者相互映照，相互加强，就把它们的这些相同性质大大突出出来。在这种情况下，人们就会意识到三者之间这一共同的性质，至于其他方面，如形状的差别、动植物之间的差别不同、植物类别之间的差别，在审美知觉中都完全消失了。"❷

可见，同向特征强化是统一指向、消除歧义的重要手段。

中国私家园林，以生机无尽的整体特征来表现宇宙的永恒。这个整体特征则是由诸多具体的意象通过同向特征强化来构成的。

水体波动；草木飘曳盛衰；屋檐轻展飞腾；光影的瞬息变幻；就是无生命的峰石、假山，都要形成如笑如睡、若行若骤的生命姿态，俨然是充满生命力的掷铁饼者、维纳斯。

各种意象要素共同的形态特征，通过多层次多向度的对于生命特征的强化，就建构出生机无尽的意境特征，蕴涵了生机无尽的特征图式，成为生命精神的象征，从而达到了"春之精神写不出，以草木写之"的写意目的。

南京大屠杀纪念馆（图7-6）为了突出"生命死灭"的特征，选择了卵石、枯树、棺椁、雕塑等具有死亡、无生命的共同特征的意象群体进行同向特征强化，建构了"死灭"的整体特征。

---

21 吴晓. 意象符号与情感空间[M]. 北京：中国社会科学出版社，1990：152

图7-6 **同向强化** /
南京大屠杀纪念馆

　　同向特征强化中，还存在更细微的组织问题。例如特征的共时性存在（如一览无余），或者是历时性存在（如循序渐进），涉及具体手法，此处不作深入的探究。现实中已经有许多自觉不自觉的、丰富成熟的方法可资借鉴。

　　同向特征各意象越多，相应的，特征强度越强，但是不能过度，否则就会走向冗赘。

7.5.1.2　异向特征强化

　　同一种特征类型，往往存在正反两个方面的表现形式，如高与低、生与死、欢乐与痛苦等。

　　例如，有关生命的特征，正面的表现是生机盎然，而负面的表现则是生命的寂灭。

　　同向特征强化，是用同一特征类型的同一方面来强化共同指向，例如，A、B、C　三个意象，都采取它的正面特征，或者，采取它的负面特征，用同一的特征来强化共性；

　　异向特征强化，则相反，如果A采用正面特征，B、C就采用负面特征，以特征的对立来强化整体特征。

　　"蝉噪林愈静，鸟鸣山更幽"，"噪"、"鸣"是为了"静"、"幽"这个整体的声音特征来服务的，但是采取的手段是对比，就是异向特征强化。

图7-7 **异向强化** /
奔跑的围篱

留园的入口空间形成的一路狭窄曲折的特征，恰是要与园林空间形成空间上的特征对比，强化园林空间广大的特征，用来表现宇宙的特征——无限广大。

克里斯托的《奔跑的围篱》（图7-7），用人工、动态、临时、依附的特征，对比强化出熟视无睹的、平凡的现场环境的自然、沉静、永恒的内在整体特征。

一般而言，异向特征强化的方式较少单独使用，或者是只作为局部性的使用，因为容易形成过多的对比、异向的特征，造成总体指向的混乱与冲突（如南京大屠杀纪念馆的小喷泉），因而需要用同向特征强化来构成整体指向。

但是，如果"混乱"、"冲突"本身需要作为特征而强化的话，那么异向特征强化方式则是必不可少的，如柏林犹太人纪念馆的冲突特征，是有意为之的，用来表现出特定的内涵。

7.5.1.3 复合特征强化方法

同向特征强化方法与异向特征强化方法共同使用，形成复合强化的方式，构成对立统一的矛盾统一体，来强化意境整体特征。

马志远的《天净沙·秋思》实质整体上也是用复合强化的方式构成的。巫汉祥阐释说："前三个语象由于枯、老、昏的定向刺激会产生反生命特征的衰败垂死的心理效应；后三者语象则由于小、流、人的刺激导向会产生符合生命规律的生长的、运动的、有生气的心理效应。两类情感特征的区别是很明显的……原来分散的同等导向刺激来源聚合成某种更强更大的刺激来源整体，加上两大刺激来源之间的整体倾向的鲜明对比，欣赏者从中感受到的情感就必然更强烈、更明确和更稳定。"

大多数的景观作品，运用的都是复合强化方法。传统园林常用水口、余脉、多层次空间等方法强调园林空间之广大无限的特征，是用同向特征强化方法；而类似留园入口空间的对比性处理也是为了同一个目的，是用异向特征强化方法。多种方法复合运用，强烈地指向了园林空间的整体特征——无限广大，并以此来

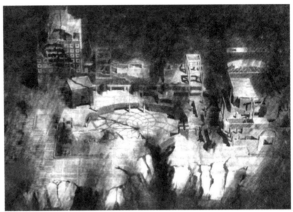

图7-8 **复合强化** /
筑波中心

图7-9 **复合强化** /
筑波中心的
废墟意象

表现宇宙的特质精神。

筑波中心景观（图7-8、图7-9）从总体上看，也是通过对内、外两种环境特征的同向特征强化和异向特征强化来表现。其外部环境呈现的是一种废墟景象，米开朗基罗的罗马市政广场缺了马卡斯、奥里欧斯的雕像；月桂树取代了山水之神达芙妮；露天剧场的柱子没有柱头、基座，犹如一座废墟。这些意象的共同特征形成了外部环境整体特征——"衰败、凋零"，含纳了"衰亡"的特征图式，使人感到凄凉、失落等多种意蕴，是用同向特征强化方法。但这种外部空间的意境带给人的意蕴，还不是作品整体意蕴的全部。内部环境与外部环境相反。旅馆大厅以装饰艺术品为主，如维也纳旅游办事处的棕榈树、劳斯莱斯进气隔栅等，形成室内轻松柔和、充满活力的特征。内外两种局部特征用异向特征强化方法，构成了作品对立统一的整体特征——"生与死"、"虚与实"、"梦与真"，含纳了"生死对抗"的特征图式，表现出人的内心世界与外在现实的巨大张力以及主体灵魂的挣扎，显示出生命的觉醒以及与死亡抗争的力量。筑波中心很好地传达了作者情感意念（源于矶崎新"废墟"的历史观与"无助"的人生观），成为引人注目的作品。

7.5.1.4 主体指引

审美主体在审美过程中，按照皮亚杰的"S⇌AT⇌R"刺激（S）反应（R）机制，其中，T（前结构）的差异，具有极大的影响力，会导致A（同化作用）的结果（AT）的不同。

我们探讨过,景观意境,实质上是在审美主体在客体的召唤结构的刺激下生成的审美幻境,也就是说,景观意境及其整体特征的形成,包含着审美主体与景观客体两大因素。

前述各种强化特征方式,都是在做景观客体的文章,就是以客体结构的特征来表现特定的意蕴。客体的结构特征形成的特征图式作为一种召唤结构,对于反应(R)的形成是主导性的关键。但是如果能够对于T这个主体的前结构再做文章,就更有利于主体生成更深刻、更丰富的意蕴。实质上是进行了数学中所谓的论域的变换,就是由一般人们认为的创作论域——客体结构的创作论域,扩大变换为对审美全过程的创作论域。这样,纳入了审美主体的因素的考虑,使整个审美结果更趋完善。

景观的意象与意境,都是"意"与"象"、"境"的结合生成的。客体的召唤结构,以"象"、"境"作用于人的统觉,召唤着主体"意"的参与。而主体指引的方式,则直接作用于审美主体的"意",采用引申、拓展、总括等方式,对主体是"意"施加影响,以利于最终意境的生成。

中国传统景观在引入主体指引方面,积累了丰富的经验,形成了独特的风格。如果不计入非现场的诗文与游记的话,景观中应用较多的方法是题名与题对,当然也有一些题壁诗文、诗刻等。如在红楼梦第十七回,贾政说"偌大景致,若干亭榭,无字标题,任是花柳山水,也断不能生色。"所谓"生色",实质就是主体生成之"意蕴"。

主体指引较多的是通过文学的方式,用这种黑格尔认为是精神性最强的艺术来弥补精神性较弱的景观艺术的表现力的不足。概括起来,文学指引主要可以分为四种类型:总括特征、拓展意象、引申内涵、复合指引。[22]

(1)总括特征。文学指引的总括特征功能,对于两种情况非常有效,一是客体结构特征不十分突出时,文学指引可以将其特征总括、突出出来,成为显著的整体特征而被人感知;二是如果审美主体的艺术感受力较弱,可以借助文学指引而易于感受到景观的整体特征。

例如,昆明黑龙潭题联,"两树梅花一潭水,四时烟雨半山云"就是对黑龙潭景观特征的综括(图7-10)。在这里,没有主观的评论,只是把景观特征总括,但是这种总括实质上是在作者的主观视角指向下的总括,实质上还是隐含着作者的主观情志,可以认为是对当前景观的调整与加工。许多景观的题名,如西湖十景、圆明园四十景,都是为景物特征的凝练总括,其视点在于景观高处的俯瞰。

22 侯幼彬. 中国建筑美学[M]. 哈尔滨:黑龙江科学技术出版社,1997:290

图7-10 **总括特征** /
　　　　昆明黑龙潭
图7-11 **拓展意境** / Schloss
　　　　Grevenbroich公园题文
图7-12 **拓展意境** /
　　　　南普陀寺题文

（2）拓展意境。即文学作品不是针对当下整体景观特征，而是以诗文中的意境和意象加入意象群之中，共同建构出整体结构，其视点在于景观之中的平视。

如颐和园的鉴远堂对联，"一径竹荫云满地，半帘花影月笼纱"，霞芬室对联"窗竹影摇书案上，山泉声入砚池中"。在现实的视觉意象中加入了想象的意象以及听觉意象，就把这些分散的意象组织成有情节特征的意境。

德国Schloss Grevenbroich公园（图7-11），堤道侧壁题有霍尔德林的诗文"美丽的天鹅，你垂下了头"，诗文中的意象、意境作为构成要素，参与到景观意境生成之中。

有时，文字本身就成为一个景观意象的形式要素，参与景观特征的建构，例如厦门南普陀寺题文（图7-12）。

（3）引申内涵。这种类型不是侧重客体景观形态特征，而是着重引申、强化、凸现其内涵特征。

例如四川乐山凌云寺，寺庙无奇，但门联气魄很大，"大江东去，佛法西来"，一是横向从空间上点出了大门临江的景观客观特征；二是纵向从时间上点出了寺院的佛教特征与历史内涵。从而引发读者生成更为深刻的意蕴。

苏州沧浪亭对联，"清风明月本无价，近水遥山皆有情"。这种指引的视角属于透视性视角，由表及里，由浅入深，揭示其深层意义。

侯幼彬先生阐释说："显而易见，这类诗文实质上都意味着文人名士以旷达的审美情操，深邃的哲理认识，通过优美的、诗一般的语言，精炼地揭示了他们对景物境界的敏锐发现、细腻开挖和深刻阐释，这对于景物的意蕴来说，是一种深化，是通过高水平的接受者的品赏，使景物意蕴获得进一步的拓宽和升华；而对于后来的观赏者来说，则是一种普及化，是前人把自己的意境感受传达给后人，起到一种导游讲解的作用，有效地把难以领悟的深层意蕴普及给广大观赏者。"❷❸

（4）复合指引。许多景观中的诗文指引是复合指引的，即诗文从总括特征、拓展意象（意境）、引申内涵等方面共同入手，从俯视、平视、透视等视角，进行多方面的文字指引。例如，昆明大观楼孙髯第一长联。

"五百里滇池奔来眼底，披襟岸帻，喜茫茫空阔无边。看东骧神骏，西翥灵仪，北走蜿蜒，南翔缟素。高人韵士，何妨选胜登临。趁蟹屿螺洲，梳裹就风鬟雾鬓；更苹天苇地，点缀些翠羽丹霞。莫辜负：四围香稻，万顷晴沙，九夏芙蓉，三春杨柳。"

"数千年往事注到心头，把酒临虚，叹滚滚英雄谁在？想汉习楼船，唐标铁柱，宋挥玉斧，元跨革囊。伟烈丰功，费尽移山心力。尽珠帘画栋，卷不及暮雨朝云；便断碣残碑，都付与苍烟落照。只赢得：几杵疏钟，半江渔火，两行秋雁，一枕清霜。"❷❹

这些诗文总括了景物空间特征与历史特征，拓展了空间意象与历史意象，引申了人生与历史的内涵。对于后来的欣赏者而言，其文学指引的作用超越了景观实境，甚至其景观之盛名，都源于此文。

景观作品通过上述的同向特征强化、异向特征强化、复合特征强化、主体指引等强化方法，已经可以建构景观的特征系统，形成作品意境的整体特征，契合作者所领悟的心灵图式的特征图式已经潜藏其中，只待读者在审美过程中去感悟、观照，从而激唤出读者自身的心灵图式，并由此生发审美意蕴。

从作者所领悟的心灵图式到景观作品意境的整体特征的建构，景观作品的深层审美结构已经建立，下一步就是把这个深层审美结构外化为中层审美结构，其中，最重要的是创造特征意象群，来承载特征系统。

23 侯幼彬. 中国建筑美学[M]. 哈尔滨：黑龙江科学技术出版社，1997：291
24 艾定增，梁敦睦. 中国风景园林文学作品选析[M]. 北京：中国建筑工业出版社，1993：102

7.5.2 特征意象的挖掘

承载特征的意象是形成意境整体特征的基石，是景观深层审美结构外化为中层审美结构的媒介与载体。

前面讨论过，形成整体特征，要通过许多意象的同向和异向的特征，以统一和对比来强化构成意象群，那么这些具有同向和异向特征的意象的找寻就非常重要。因此，问题就可以归结为：寻找具有同一特征（或反相特征）的一组意象集合。

那么这种承载特征的意象又如何挖掘、确立呢？这是一个从所需要的特征出发，寻找符合这种特征的意象的过程。"两句三年得，一吟双泪流"以及"推敲"之典故说明了传统依靠灵感的方法找寻与确立意象的难度。其实，艺术创作不一定是全过程的灵感导向，如果在理性指引下再进行灵感发挥（即理性灵感），会事半功倍。下面简要介绍几种有效方法。

（1）穷举法。穷举法，即在理性指引下，按照约束条件，把可能的意象一一列举（如枯藤、老树、昏鸦；古道、西风、瘦马），然后再在这个集合中筛选优化。这种理性化的穷举方法可以用可拓学的计算机方法辅助完成。

以中国园林表现"生命"特征为例，其意象集合的选择可以生命特征作为约束条件，穷举符合要求的意象。如，首先找寻自身有生命的意象，如劲松、虬梅、鸣鸟、游鱼；再找寻自身无生命之本但有生命之姿的意象，如流水、建筑、起势堆山、流动空间……

通过上述穷举过程，就可以发掘出许多具有符合特征要求的意象集合，从中可以进行下一步的筛选与优化。

（2）比兴法。"比兴"法，是指借助事物的相关性，以此喻彼，以甲兴乙，以艺术作品象征人类的生命内涵，是一种历史悠久的经典方法。正如"春之精神写不出，以草木写之。"是因为春的精神与草木相关。比兴对于表现那些难以直接表现的、无形的、抽象的、精神性的事物与特征是十分有效的表现方法。

具体到特征意象创作中，为了强化某一特征，除了借助同向特征的意象，还可以拓展范围，借助具有相关特征的意象。现代景观对于各种事件、人物的纪念，很多都是借助于相关性来表现。例如美国黑山四总统雕像，借助山势的雄健特征以表现其人格的伟大；富兰克林纪念馆用老屋的框架的虚空特征表现先贤灵魂不离的特征。

（3）虚实法。中国画讲究"计白当黑"，用画面的虚体——"白"发挥实体——

"黑"的作用。景观中，如水口、余脉、借景等，是借助实体意象，调动主体想象，形成虚体意象，虚实相生，共同建构主体内心的完整景观。

任何事物都是由虚实两部分组成的，"实以为基，虚以为用。"在实际问题中，如果景观的实体意象难以施用，就可以考虑使用景观的虚体意象，尤其对于表现思想、灵魂等抽象特征更为适用。

以景观为例，天坛祭天并非在庄严华丽的祈年殿，而在于空无一物的圜丘，就是以圜丘之上的虚空与天相通，以景观的虚空来象征天宇之旷大、缥缈与神秘，这是任何实体景观都难以表现的。

水的教堂，其核心不在于教堂建筑与十字架的实体，而在于水体空间与周围环境形成的虚空，正是这虚体空间将人们的思想带离现实凡俗，而引向空灵的宗教世界。

特征意象的找寻方法很多，通过这些方法，我们就可以发掘出大量的符合特征原则要求的特征意象，如符合漏、透、瘦、皱特征条件的峰石，符合屈曲横斜特征条件的梅树等。这些特征意象应用到前述的各种特征强化方法中，就可以成为建构整体特征的基础载体，但还需要经过下一步的优化环节。

7.5.3 特征意象的优化

经过上述过程，作品的中层审美结构的基础——特征意象集合已经初步成型，但只是初具轮廓，还没有达到成熟与精炼。

别林斯基曾说："有才能的画家在画布上所做的风景，一定优越于自然中任何美妙的景色。这是为什么呢?因为在画幅中，没有偶然和多余的东西，所有的部分都从属于一个整体，一切趋向于一个目的，一切都有助于形成一个优美的、完整的独特的东西。"[25]

刘勰在《文心雕龙》中早就提出"以少总多"的艺术原则，要求必须以最少的意象表现最丰富的内涵，"两字穷形"、"一言穷理"，这就需要进行意象的优化。真正优秀的景观作品都具有精炼简约的特征。

意象的优化，是在前述工作的基础上，以保证深层审美结构要求的整体特征为标准，剔除那些冗余的、特征不突出的、甚至起到混淆视听、遮盖主题的干扰作品的无效意象。

对此，罗丹用行动提出了斧子原则。他用斧子砍去了巴尔扎克雕像的手臂，

25 别林斯基. 别林斯基论文学[M]. 北京: 新文艺出版社, 1958: 126

就是在强调一个艺术原则：任何一部分都不可以比它的整体更加重要。很多景观中过多的雕塑、碑刻、树木、规划、小品、题词等形成的意象，拥挤不堪、杂乱无章，虽然丰富有趣，但是特征不明、不知所云，必须砍掉。

同时，应尽量用一个意象承担多方面特征要求的任务，以求精简意象的数量。例如，一池清水，可以供观赏是其视觉形态特征；可以养花养鱼，是其生态特征；可以灭火是其物理与化学特征；可以泛舟是其空间特征。所以，同一个景观元素可以在不同的景观系统内发挥多重作用。

"世界各地的艺术家最基本的冲动之一，是要缩减，要擦除，要用越来越少的东西表示越来越多的东西。"❷ 简化后的有效意象，如"拨云见日"、"直指人心"，就如同写意的中国画，言简意赅，寥寥几笔，尽得精神。这方面的景观例子数不胜数，其佼佼者首推枯山水。

龙安寺石庭，一片白砂，几颗顽石，便引人驻足数百年（图7-13）。龙安寺

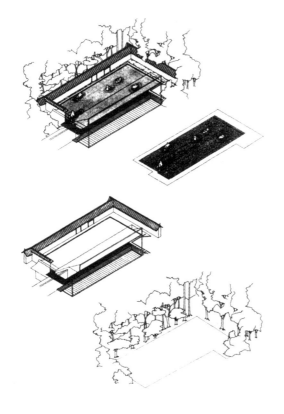

图7-13 **简约致圣** /
龙安寺石庭

26 查尔斯·莫尔等. 风景[M]. 北京：光明日报出版社，2000：112

石庭的洗练手法表明："经过大幅度地缩减之后，不仅仅能够带来浓缩的现实，而且还能够形成新的视野，更纯净，更自由，跟宇宙同样宏大。"❷❼

归结起来，意象的优化主要有两个目的：一是防止总体特征淹没于诸多意象特征之中；二是防止生成其他无关特征而引起歧义。

7.5.4 意象系统的组织

上面介绍的是在特征原则指导下，如何通过创造特征意象建立意境的整体特征的问题。意境的存在目的是承载整体特征，具体体现是承载特征的意象系统。境生于象外，仅仅确定了意象还不足以构成意境，还需要对这些意象进行组织，要在语境规约下，各个单独的意象隐弱其各自的多重可能的情意指向，而强化突出共同的情意指向，营构出一个有机的完整的景观艺术形象，即作品意境。这一环节的关键是意象系统的组织，其中最重要的是意象关系处理。

意象系统由意象及意象间的关系构成，对于意象，我们相对熟悉，但对于其间的关系，以往重视不多。景观中，意象自身解决不了的问题，可以通过意象之间的关系来解决。

景观游线，就是这种关系的直接体现，通过调节顺序、角度、距离、显隐对景观意象系统起到剪辑、组织的作用，从而极大地影响着人的感受。犹如电影中的剪辑，不同的剪辑方式与意象出现的时空顺序，导致完全不同的结果。电影理论家贝拉·巴拉兹指出：上一个镜头一经连接，原来潜在于各个镜头里的异常丰富的含义便像电火花似地发射出来。电影大师爱森斯坦也指出：两个并列的蒙太奇镜头，不是"二数之和"，而是"二数之积"。他甚至认为，蒙太奇不仅是电影的一种技术手段，更是一种思维方式和哲学理念。

可见，意象关系在景观创作与审美活动中极为重要的。目前人们较为困惑的问题是，古典园林如果按现代的游线、速度、方式去欣赏，就会丧失应有的意境。主要原因在于游线变更会导致意象关系的变更，从而导致南辕北辙。意象组织的开门见山、一览无遗肯定迥异于循序渐进、曲折流转的艺术效果。

当前的景观设计，从构图和使用功能出发居多，而对于实际体验考虑较少，造成了设计"看起来"很好，实际体验越来越糟，就是没有重视游线所创造的意象关系的这个蒙太奇能力。而在游乐园、主题公园类的景观中，游线受到高度重视，效果也较好。

我们常讲的景观序列、体验系列的形成，主要靠游线来组织意象关系。

27 查尔斯·莫尔等. 风景[M]. 北京：光明日报出版社，2000：116

《红楼梦》十七回就详细描述了道路组织下的景观系统的形成。在《中国古典园林分析》一书中也详细阐述了这一原理。

7.5.4.1 意境创作的虚实原则

意境是实境与虚境的复合，实境指象内之境，实境作为象内之境，倾向于对自然原型的再现。虚境多由衍生意象生成，作为象外之境，倾向于对主体心境的表现。实境是虚境的基础，虚境是实境的升华。景观意境创作，主要就是依靠意象系统的组织。具体方法千变万化，总归起来，最主要的是在保证特征原则基础上，要按照虚实原则进行组织，才能够形成虚实并存的意境。

7.5.4.2 意象系统求"实"

意象系统要求"实"，表现为意象要有信息的明确性与意象系统指向的明确性，使主体的建构活动有现实原型的依凭。

龙安寺石庭的沙、石，退思园的舫、池等意象都包含明确的信息，都紧密联系着现实中的原型，不是凭空创造的乌有之物；同时，沙与石、舫与池的意象结构关系也是明确指向现实存在的景象，都联系着现实中的结构关系原型。意象与意象结构的信息、指向的明确性保证了意象系统具有坚实的自身结构，可以明确地指引人们的思维想象活动方向。由此生成具象的实境，是保证虚境以及最终意境美生成的基础。这是先决条件，决定着意境的总体指向。

意象结构应当是在总体特征指向下的有序结构，通过相关意象的串联、并联、辐射、反复、跳跃等方式的组织，形成景观意象的规划序列和结构。对于这种序列和结构，西蒙兹认为，"它能激发运动、指示方向、创造节奏、渲染节奏、展现或诠释空间中的某个或一系列实体，甚至引发一种哲学观念。"❷⑧

景观意象及结构，只有与其所指向的意境的实境结构具有相似、相通之处，才能够引发人们的联想与想象，而不会是毫无目的的胡思乱想。如一池三山模式的中国园林，就以明确的意象与结构指向自然山水意境。威海的甲午海战纪念馆（图7-14），以比较真实的意象结构使人生成伤船残舰冲撞、弃浮的意境。

对于景观意象结构的具体设计手法已经有相当多的研究成果，不再详述。

---

28 约翰·O·西蒙兹. 景观设计学[M]. 北京：中国建筑工业出版社，2000：248

图7-14 **实境塑造** /
海战纪念馆

图7-15 **虚境塑造** /
山水图

7.5.4.3 意象系统求"虚"

　　景观意象系统要求实，才能够给人心理活动以明确的指向；景观意象系统要求虚，才能够给主体的心理活动有足够的空间。否则，主体没有心灵发挥的余地，也就失去了参与建构的可能，意境中的虚境也就无从生成。

　　虚，自有价值。"计白以当黑，奇趣乃出"，"大抵实处之妙，皆因虚处而生"（包世臣《安吴论书》）。宋代郭熙在《林泉高致》中也说："山欲高，尽出之则不高，烟霞锁其腰则高矣；水欲远，尽出之则不远，掩映断其脉则远矣。"❷❾如王时敏的山水图（图7-15），其妙皆在掩映虚实之间。

　　接受美学提出的"召唤结构"概念有助于我们对意境结构中的虚与实问题的探索。按照伊瑟尔的观点，作品中存在着意义空白和不确定性。各语义单位之间存在着连接的"空缺"，以及对读者习惯视界的否定会引起心理上的"空白"，所有这些组成作品的不定性结构，成为激发、诱导读者进行创造性填补和想象性连接的基本驱动力，这就是作品的召唤性的含义。

　　这里提到的"意义空白"、"不确定性"、"连接空缺"、"心理空白"都属于"虚"。景观艺术结构要"虚"，实质上就是为了建立一种接受美学提出的"召唤结构"，其心理动因在于"完型心理"——据实补虚，建构出一个符合自己心理投射需要的，虚实复合的艺术结构。

29 侯幼彬. 中国建筑美学[M]. 哈尔滨：黑龙江科学技术出版社，1997：285

意境的生成，正是依靠作品的这种召唤性，也就是景物客体召唤结构的"虚实相生"所发生的积极作用。很多人都会有这种感觉，即看武侠小说比看改编的电影更过瘾。原因就是小说比电影更"虚"，想象的空间更大；一旦电影用具象的形式真实化，反倒局限了人们的想象，让人觉得不够味，因为现实总是不如想象的完美。

我们从国粹京剧之荣衰也可以看到虚实原则的作用。目前京剧之退化，从其布景的变化即可看出。原本素幕、一桌、一椅足矣。桌代表饭桌、床、陵寝，也可以代表楼、山；椅可以表示内室、书房、围墙、门、井；而桌子和椅子搭配起来可以表示是城楼、船只等。布景越是简单，给人的想象空间越大，内容越丰富。因为京剧主要就是依靠调动观者的想象，才能在咫尺舞台达到"一两步走崇山峻岭，六七人做千军万马"的艺术效果。而现在的布景，西化严重。原本简约精炼、以虚为美的写意国粹已经日趋走向具象繁复的写实路子上去了，兴味尽失。

很多讨论《园冶》的审美观点认为，造园以曲折委婉、变幻多端、幽静隐僻、空灵远逸为美。但这只是表面体现，而产生美的根源在于这些曲折委婉、变幻多端、幽静隐僻、空灵远逸造成的"虚"，其结果可以形成召唤结构，带动主体进行象征表现，从而生成意境与意蕴，以及相应的情感反应。

意象系统的"虚"表现为意象的虚体性与意象结构关系的隐在性。

意象的虚体性表现为采用如天、光、云、影、霞、雾、声、香等虚体景观意象，以及山之沟壑、石之洞穴、建筑门窗、栏杆等。再有就是较为抽象的意象，如扭曲的线体、柱体等。实际上，都是利用意象的不确定性来提供广阔的想象"虚"空间。

安藤忠雄的水之教堂，时动时静的水面，风云飘止的天空与映影这些虚体意象，以及简洁抽象的墙体，营构出一个恍若隔世的清净世界，一个东方味道的西方天堂的意境。

美国越战碑，通过抛光花岗岩的镜面映像，使参谒者的身影与石墙上的死者的名字交叠在一起，充分表现了"生死相隔，阴阳交错"这个创作意境。其中，石镜面上晃动的映像以其"虚有"、"非现实"、"非实体"等特征暗示了现实世界的对立面——虚幻的灵魂世界。

日本的严岛神社（图7-16），在距离岸上祭祀空间150米外的海中的鸟居，把人的心灵之由世俗引向水天一色的脱俗之境。这是借用虚无缥缈的远空作为虚体意象。

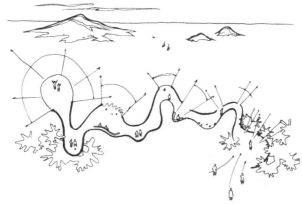

图7-16 **虚体意象** /
　　　严岛神社

图7-17 **虚实组织**

意象之间结构关系的隐在性表现为意象之间显隐、亏蔽、藏露、明暗、动静、空全、连断等虚实结构关系,可以通过意象序列进行有机组织（图7－17）。

以"不全"造成的"虚"为例，即景观意象再现某一具体对象时没有再现对象的整体面貌，而是选择某一局部或细节代替它的整体，或者有意隐蔽某些部分或细节，前者曰残、后者曰藏。

宋徽宗有一次考画家，题目是"深山藏古寺"。优胜者只画一个山中挑水的和尚。庙在山中，画面不见，而呈虚境，含蓄深邃。传统园林中常用山的一角、半边，以及水口、余脉、独木、孤舟也是"隐在"表现"虚"的空间。

这些创作方法要求意象不能面面俱到，纤毫毕现，而是有详有略，有细有粗。那些简略的部分，没有具体再现出来的部分就构成艺术形象的"虚"。优秀景观的具体表现虽然千差万别，但却都是通过邀发审美者的心理活动，包括艺术想象而突

破园林景观在时空等方面受到的限制，从而把园林审美引入更深广的境界。❸⓿

想象是化虚为实的主要建构性活动。李泽厚认为，"'想象的真实'使华夏文艺在创作和接受中可以非常自由地处理时空、因果、事物、现象，即通过虚拟而扩大、缩小、增添、补足，甚至改变时空、因果的本来面目，使它们更自由地脱出逻辑的常见，而将想象着重展示的感性偶然性的方面突现出来。"❸❶

景观的设计方法如隔景、

图7-18 **漏景生虚** /
拙政园小飞虹

借景、聚景、障景、抑景、漏景，大多指向意象系统的"虚"的建构，如拙政园小飞虹（图7-18）。相关论述非常丰富，手法成熟，本书在此不做展开。

7.5.4.4 意象系统虚实相成

虚实原则，是创造虚实相生的意象系统的关键。意象系统偏实的景观倾向于具象的再现，例如狮子林、剪形树、龟岛、舫，生成的实境成分较多，显得具体、限定相对死板；意象系统偏虚的景观倾向于抽象的表现，如泰纳喷泉，生成的虚境成分较多，显得宽泛不定，难以捉摸。

优秀的景观走的是虚实相融合统一的道路。"妙在似与不似之间"、"神似"、"写意"，都是避免虚实极端，用"实"来保证意境生成指向的明确性，又以"虚"保证审美主体的心理活动空间，从而获得意境美的感受。如拙政园意象系统的"实"指向自然山水之实境，意象系统的"虚"指向宇宙万物之虚境。如哈普林设计的爱悦广场，既有自然原型，又有人为抽象，才形成虚实相生的作品（图7-19、图7-20）。

30 王毅. 园林与中国文化[M]. 上海：上海人民出版社，1990：355-356
31 李泽厚. 李泽厚十年集[M]. 合肥：安徽文艺出版社，1994：355-356

总之，景观中层审美结构的意象组织就是为了建立"虚实相成"的意象系统。

通过特征意象的创造与优化、意象系统的组织等环节，在景观深层审美结构的"特征原则"，以及中层审美结构的"虚实原则"的贯彻指导下，已经可以初步建立"虚实相成"的意象系统，具备了生成具有整体结构特征的意境以及意境美感的景观客体中层审美结构。

建立"虚实相成"的意象系统，还能够达到景观中层审美结构的独立的审美目的——意境美。

在景观中层审美结构的创作中，如果不是从景观深层审美结构的创作推进而来，没有创作特征图式的动机与目标，而是从创作之初就从景观中层审美结构起步，虽然说没有深刻的内涵，但从创造审美意境与意象，以求获得意境美感的目的来看，把握"虚实原则"仍然是创作的关键。

景观创作的下一步，就是把中层审美结构转换为表层审美结构。

图7-19 **虚实有据** /
　　　山水速写与
　　　爱悦广场草图

图7-20 **虚实相生** /
　　　爱悦广场

7.6 表层审美结构的创作方法

中层审美结构的创作意境与意象还只是一种不确定的形象，还要经过表层审美结构的创作表象的形式转换，才能最终成为人们直觉可以感受的具体实在。

创作表象是对创作意境与意象的明确化、客观化，是通过确定的形式、材料、色彩、尺度、结构、布局表达出来的创作意境、意象，它内在于创作者的头脑中，也可以外化，表达为模型或图纸。

表层审美结构的创作，存在三个层次的不同要求。

从深层审美结构特征贯穿下来的特征要求，依然是特征原则，要求表层审美结构要充分表现深层审美结构确立的特征，这是景观审美性表征创作的核心宗旨。

从中层审美结构意境美贯穿下来的意境美要求，则是虚实原则，要求表层审美结构要充分表现中层审美结构确立意境与意象。

从表层审美结构自身的形式美要求，则是完形原则，要求表层审美结构要创造良好的视觉形式。

从景观审美性表征深层审美结构创作的视角，三个层次的原则由内而外，缺一不可。能够同时满足这三个层次的不同要求的景观，是为上品。表层审美结构的具体创作方法已经足够丰富，关键是要能够符合这三个层次的原则，在此仅就表层审美结构如何实现这三个原则进行讨论。

7.6.1 特征创作方法

从深层审美结构贯穿下来的要求，依然是特征原则，要求表层审美结构要充分表现深层审美结构确立的特征，这是景观创作的不变宗旨。

深层审美结构要求的特征，在中层审美结构的创作中已经进行了充分的组织与强化。如果中层的意境与意象创作比较明确、完善、肯定，那么表层审美结构就比较容易获得参照原型，把同向特征强化、异向特征强化、复合特征强化、主体指引强化等特征强化方式，通过具体明确的表层形式加以体现即可。

这些特征强化方式，需要由表层审美结构的具体方式体现，也就是形式的创作。从这个角度考察，只要是符合特征原则的形式，就是"美"的形式，哪怕是并不符合形式美原则的形式。从这个意义上说，特征原则是形式美原则之上的原则，是形式层次的"美"得以打破传统形式之美与丑界限的深层理论依据，传统形式美法则与非传统形式美法则（有人称作审美变异），在特征原则之下，也就没有了差别，都是以特征原则为服务对象，都是特征原则在表层审美结构形式创作中的具体方法，它们的价值判断开始从对感官的刺激转换为对于特征的表现。

下面以拓扑布局为例进行具体分析。

我们熟悉的对称式布局，在传统形式美法则中是为了获得视觉的绝对平衡；但在特征原则下，则是为了表现力量专断、秩序严明、结构严谨的特征，如表现北京故宫、颐和园佛香阁前山景观、凡尔赛等皇家园林与建筑的皇权特征。

而拓扑式布局之互含、互否、向心的方式，是传统形式美法则约束之外的另一重要布局类型。陈继儒在《栖岩幽事》中就说"居山有四法：树无行次，石无位置，屋无宏肆，心无机事。"拓扑式布局大量应用在中国私家园林中，用来表现万物和谐、自由的特征比起对称布局无疑更加恰当。

拓扑（topology）的本意是表示在弯曲、扭转、扩大、收缩的表面上的事物之间的一种关系。它是研究不变关系的变化以及位置和变形的数学分支。拓扑的基本点是：原有图形上的任何一点，将相应于由它所变换的图形上的一点，而且是唯一的点。拓扑性质是指几何图形在连续变换下不变的性质。具有拓扑性质的图形关系称为拓扑关系，这种关系在一定范围内，局部甚至总体变化时，关系不变。

人对于一个整体的感觉主要是取决于格式塔的视知觉原理，而个是绝对的数学和几何关系。而要使整体保持一种约定，并不拘泥一个的局部的完整和固定的形式，而在以保持相互关系的恒定。朱光亚先生通过分析园林的向心、互否、互含关系，指出了中国古典园林的拓扑关系。❸❷

（1）向心关系。园林所围合的空间中，各建筑物都向中心区域扭转了一个角度而偏离常规的位置，仿佛是在"开会"、"对话"。这种彼此略略扭转，相互"对话"的关系称之为"向心关系"。需要说明，向心之心并非一个点而是一个界限模糊的区域。

（2）互否关系。各园林要素内容或形式之间互为对立物和否定物的关系。如建筑方向的互否、进退的互否、高低、大小的互否、屋盖的互否、内涵的互否。

（3）互含关系。是指互否的园林要素无不在自身中包含着对方的因子的关系，如池中岛与岛中池。互含关系是以互否关系为前提的，在设计过程中同样也是在解决互否关系之后才得以展开研究的。

拓扑关系，既保证了个体变换自由与独立的价值，又保证了整体关系的系统

32 朱光亚. 中国古典园林的拓扑关系[J]. 建筑学报，1988（8）：33

协调。东方艺术特别是景观，大都用拓扑关系来表现宇宙万物"和而不同"的和谐关系。而那种通过对称、对位、轴线组织等手法建立的几何关系，其任何局部的缺损或变形都会使原有关系丧失，这是强调整体、牺牲个体自由的"同"的专制关系。

西方景观选择几何中心结构来统一整体，表层是形式美要求，深层是为表现人工律力、人工秩序的需求。东方园林选择拓扑式的向心结构，从置石组织到建筑布局，表层是拟仿自然，深层是为表现万物的真正和谐韵律。两者的不同组织方法，是因为不同的深层表现目的。手法无高下之分，只有艺术表现效果的高下。即使艺术表现目标统一在"和谐"之下，亦有具体目的之区别。

枡野的"青山绿水庭"重点在表现"生命力量"，而非"万物和谐"，所以，在其整体和谐之中，侧重表现的是整体生命的状态，个体的独立性因整体需要而略加约束。

网师园、退思园等中国私家园林（图7-21、图7-22），乃至日本南禅寺等枯山水园中，着重表现的是"万物和谐"，其中的个体与整体的平衡是最重要的，它们采用的都是拓扑结构。

园中每个个体，树、石、榭、舸，各有位置，自有朝向，各具特点，个

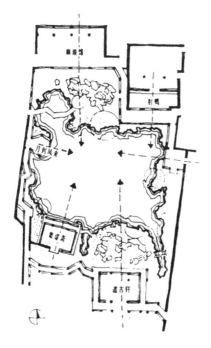
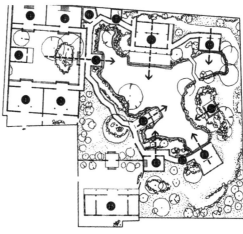

图7-21 **拓扑结构** / 网师园

图7-22 **拓扑结构** / 退思园

图 7-23 **拓扑结构** /
文苑图

体价值体现得极为明显，自成系统，自成世界，这是一个自由的境界，这种境界，是古代艺术表现的重要主题。如《文苑图》中（图7-23），诸人之自由和谐。这种个体的自由是和谐的基础，是中国士大夫文化追求独立人格的具体表现。

静观退思园，景观诸意象似多位文人雅士，若聚而相语，或独而静思，神怡志逸，逍遥自在。从整体上，又因以水池为中心的拓扑关系，保证了整体结构的系统性、完整性。所以退思园通过拓扑手法，表现了宇宙及万物和谐的内在特征。

至于扭曲、断裂、离散、对立布局，更被认为是对传统形式美要求的统一、和谐、主从、韵律等原则的变异甚至是公然背叛。但用在柏林犹太人纪念馆环境中，用来表现犹太民族命运多舛的特征却十分恰当。

同样，在单一意象特征的表现中，中国传统园林中的屈曲横斜的奇木、漏透瘦皱的怪石的异常形式，其审美价值，不在于传统形式美，而在于提供的表现特立独行、自由不拘的特征。

可见，特征原则是景观审美性表征的核心原则，是打破各种形式、各种层次审美原则的对立、消除其中的隔阂，并将它们整合一体的审美与创作的深层艺术原则。所以，表层审美结构的形式创作要以特征原则为指导，应以特征表现为目的展开。

7.6.2 虚实创作方法

景观表层审美结构要充分表现中层审美结构确立的意境，相应的贯穿下来的创作原则是虚实原则，体现在具体的表现方法上就是写意。

在景观创作者头脑中的创作意境与意象，表现为具体、明确的创作表象，需要有一个转换过程，表现为具象、抽象、写意三种不同的转换方式。

（1）具象形式表现。如南京大屠杀纪念馆，围绕着"一座纪念性的大墓地"这个创作意境，作者组织具象形式的母亲塑像、头颅与断手的雕塑、棺椁式的陈列室、卵石、枯树等形式，把创作意境通过一系列具象的纪念性意象表现出来。具象形式对于创作意境的表现具有直观、具象、不思而得的特点，传达准确，感受容易，但给欣赏者的想象发挥会有空间局限。

（2）抽象形式表现。例如，柏林犹太人纪念馆环境中，用扭曲的建筑形体、铭刻疤痕的墙体、粗壮有力的柱子，创作出表现"曲折而坚忍"特征的意境。抽象形式对于创作意境的表现具有隐讳、抽象的特点，传达模糊，感受相对较难，但会给欣赏者较大的想象发挥空间。

（3）写意形式表现。这是介于具象与抽象形式之间的方式。

景观大师哈普林的爱悦广场，取象于自然山水，因而不难感知其自然原形；但又经过提炼特征，进行概括加工，适度抽象，是自然景观的写意表现（图7-19、图7-20）。

枡野俊明的青山绿水庭，几块石头，既是一种抽象的形态，又多少带有群舟竞渡的写意特征，给人以生机勃勃的生命力量的感受。

中国园林，一直坚持的是写意的形式表现。以表现"驾舟御海"意境为例，舟的形象大都经过了抽象处理，退思园的闹红一舸、颐和园的石舫、拙政园的香洲，舟的形象已经与真实的形象有所不同，但仍然保留了舟的主要特征，清晰可辨。舟与海的关系，也从海上泛舟抽象处理为池畔停舟，但仍然保留了舟与海的主要关系特征，离真实的景象相去不远，使人的想象不会没有依凭。

"'写意'从发明之日起，就绝不仅仅是指单纯的绘画技法，更多的时候，它指的是一种不过分追求和拘泥于绘画对形象的摹写，而是追求赋予有限形象更广寓意的艺术宗旨……" ❸❸

这种写意形式的表现，既具有具象形式的易感知特点，避免了抽象形式的过度

---

33 王毅. 园林与中国文化[M]. 上海：上海人民出版社，1990：428

模糊；又提供了抽象形式的想象空间，避免了具象形式的过度局限，从而保证了中层审美结构要求的虚实原则，因而是中国各类传统艺术一直推崇的表现方法。写意并非是简单经验总结的结果，其背后是有心理学依据的。"现代心理学中揭示的'差异原理'也证明，人的知觉能力和敏感性与眼前'图式'和心中熟悉的'图式'之间的差异程度密切相关。……只有那些不是与心中的图式完全雷同和完全无关的形式，即与内在图式具有一定差异性的图式，才能引起人们的敏锐的知觉。"㉞

写意"妙在似与不似之间"，是对现实对象的提炼、抽象与升华，它既不同于西方的完全写实，又不是凭空的捏造，而是对再现对象的凝练，既包含具象的成分，又包含抽象的成分，是具象与抽象的有机统一。对此，阿恩海姆从绘画的角度认为，"一幅绘画，尽管它是完完全全抽象的(非模仿性的)，也应该具有一幅写实主义作品描绘丰富具体的人生经验时使用的那些形式的复杂性；反之，对于一幅完全写实的绘画来说，为了使自己具有意味，具有较广泛的代表性较强烈的情感表现力，就必须使这种绘画再现的形式向'纯形式'靠拢，使之更接近于非模仿艺术中那种较直接的体现方式。"㉟

"想象的真实"是写意的重要心理根源。"中国艺术讲究'妙在似与不似之间'，仍然有'似'(真实)的一面，而不会是自由感知、完全抽象，即使是书法艺术，也仍然不同于西方现代派，这里除了所抒发的情感本身有所不同外，传统的'想象的真实'在创作心理上也起了重要的制约作用。"㊱

7.6.3 完形创作方法

我们在前面探讨过，景观的表层审美结构是主体知觉抽象与建构的景观作品内在的一种系统属性、关系系统、稳定的秩序与有机形式，形成了一个知觉结构，一个特定的知觉式样。这个知觉式样就是阿恩海姆所讲的"格式塔"，也就是完形。

景观表层审美结构要创造良好的视觉形式——完形，也就是"格式塔"。完形原则，就是要以创造"格式塔"为目标来进行表层形式设计的原则，包含了秩序型形式的传统形式美法则、创造变化型形式的复杂化等原则，以及所有能够创造"格式塔"的原则，是表层审美结构自身的创作原则。

传统形式美法则以秩序为特征，如多样统一、重复、节奏、对称、平衡，是创造完形的传统方法。在景观创作中，在保证特征原则、虚实原则前提下，景观

34 王迪. 意义、象征：建筑形态活的灵魂[D]. 天津大学. 1993：21
35 鲁道夫·阿恩海姆. 视觉思维[M]. 北京：光明日报出版社，1987：32
36 李泽厚. 李泽厚十年集[M]. 合肥：安徽文艺出版社，1994：355-356

的表层形式也要求符合传统形式美法则。

创造完形不只限于秩序的形式美法则，分形、解构、参数设计等理论与方法也可以创造复杂、无序、扭曲、断裂、离散、对立、破碎等变化型形式美，也能创造"格式塔"。

完形心理学认为，"最成熟的'格式塔'，即人们常说的多样统一的'形'，是艺术能力成熟的表现，无论用于再现自然和用于表现内在情感生活，它都是胜任的，因为它是生命力和人类内在情感生活的高度概括，而且是它们的最真实和最本质的反映。就感情刺激力来说，他们也大大超过了简单而又规则的'格式塔'，因为它蕴涵着紧张、变化、节奏和平衡，蕴涵着从不完美到完美、从非平衡到平衡的过程，伴随着上述运动规律，人的内在感受也就从紧张到松弛，从追求到和谐，这显然是一种更加复杂多样的感受，因而看上去很够味。"[37]

关于形式的创造，已经有太多的研究，也是传统景观美学教育的重点层次所在，形成的设计方法众多，无须本书赘述。这里只重点谈谈表层审美结构突破传统形式美局限的问题。

中国当代景观的美学实践，困惑在两个极端中间。

一方面，园林设计师固守于传统造园理念，追求景观的意味、意蕴、意境，这来源于传统园林文化的深厚积淀，按理说追求的高度应该是不低的，但是在现实实践中，只是简单地套用传统的手法、形态、元素，却难以达到理想状态。

另一方面，景观设计师受到现代审美训练与熏陶，则固守于传统形式美的法则，言必及统一、均衡、节奏、韵律，以为这就是美的全部，仿佛是唯一的教条，而实践的结果却又是枯燥乏味的、缺少内涵的产品。

想发扬传统，缺少相应的研究，总是在前人的基础上重复熟知的话语；想借鉴他人，又缺少相应的判断，要么是对资料集的抄袭模仿，要么是等外来思潮的灌输，而对某些商业化设计师、设计公司的时髦演出无可奈何。

传统形式美只是表层审美结构提供的审美愉悦中的一部分，而远非全部。也就是说，表层审美结构在传统形式美之外还有更多的拓展空间。从西方现代景观的探索中，大致可以在三个方面突破传统形式美局限。

7.6.3.1 复杂化

在传统形式美原则指导下的景观，它的"格式塔"所呈现的简约合宜的特征，给人以平和、舒适的安定感。但是时间长了以后，就导致"审美疲劳"的出

---

37 鲁道夫·阿恩海姆. 视觉思维[M]. 北京：光明日报出版社，1987：14

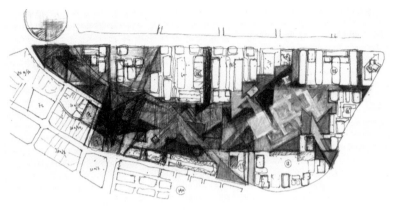

图7-24 **复杂化形** /
　　　诺巴瑞斯中心公园

图7-25 **复杂化形** /
　　　诺巴瑞斯中心公园

现，人们觉得单调乏味。特别是在现代主义的"纯粹"、"简洁"、"抽象"的长期统治下，更是如此。

复杂化是创造变化型形式美的重要手段，是完形原则下的一种创作方法，被传统形式美方法掩盖多时，而在景观创作历史中不乏先例，在当代设计中才被逐渐重视起来。分形理论、参数化设计方法集中关注的就是如何创造变化的、复杂的"格式塔"。

"格式塔"心理学研究证明，"在人多数人眼里，那种极为简单和规则的图形是没有多大意思的，相反，那种稍微复杂、稍微偏离一点、稍微不对称的、无组织性的（排列上稍微有点凌乱）图形，倒似乎有更大的刺激性和吸引力，因为这种图形一般能唤起更长时间的强烈的视觉注意和更大的好奇心……这就是人们在日常生活和艺术欣赏中宁愿欣赏那些稍微不规则和稍微复杂些的式样的原因。"❸

以变化为美的中国传统园林在这方面做得十分到位，"复杂"、"混乱"有意为之，但是较好地把握了度。

许多当代设计师的探索就是从这种复杂化开始的。哈迪德、盖里、屈米、李伯斯金等人，有意识地反传统形式法则，混乱、破碎、无主从、无中心，这是一种极端的方法，如从解构主义出发的拉·维莱特公园。还有从分形理论出发的复杂化设计，如诺巴瑞斯中心公园是此类典型（图7-24、图7-25）。

复杂化有个度的问题，有些人走得太远，形式过于复杂，已经超出了人们的感知觉的整合与抽象的能力，所形成的审美表象很难构成一个好的"格式塔"，也就难以被人把握，难以被人接受了。

38 鲁道夫·阿恩海姆. 视觉思维[M]. 北京：光明日报出版社，1987：10

　　复杂"格式塔"的整体性构成有两个条件：一是景观自身的物象系统的结构要完善；二是观察者的知觉能力要强。在目前的现实情况下，过于复杂、甚至是混乱、破碎的景观，这两个条件都很难满足，因而复杂"格式塔"创作方式尚未像传统形式美创作方式那样深入人心，成为标准。只是作为另类的实验式的表达，倒可以另当别论；或者在大众的知觉能力提高以后，也许可以被广泛认同。

　　但不管怎么折腾，都没有脱离形式审美层次，没有向意义认知化、意蕴审美化那样走的深远，影响也难以深远，但是新奇、时髦、受宠、流行，容易成为时尚。

7.6.3.2 深层化

　　形式美作用于人的感知觉，引起感官的愉悦，此外并没有更深的内涵。西方传统园林走的是形式美之路，现在西方的艺术，尤其是绘画艺术，早已超越了形式美的范畴，而进入意蕴美的层次。

　　这是真正的艺术所必须达到的审美层次。从这个角度出发，必然要以特征原则、写意原则为指导，而不是传统形式美原则，也就必然突破传统形式美局限。

　　西方传统园林也讲究如英国园林的诗情画意、田园牧歌风格。在艺术领域探索的影响下，西方现代景观也开始倾向于意境、意蕴的探索，包括施瓦茨、彼得·沃克、哈格里夫斯、克里斯托以及许多大地艺术家的作品。如德莱尼的儿童医疗园（图7-26），不仅形式独特，还营造了想象意境，别具韵味。

　　这一层面的探索，虽然或未成熟到中国传统园林的高度，实际上已经开始脱离审美的表层审美结构的探

图7-26 **深层化境** /
儿童医疗园

索，而向中层审美结构、深层审美结构迈进，走向真正的艺术审美。这也就是本书审美性表征部分研究的主要目的与主要内容。

7.6.3.3 语义化

语义化，也就是增加形式的认知意义，也可称为认知化。从表层审美结构的角度看，景观物象作用于人的感知觉，形成了审美表象与认知表象，形成了审美愉悦和认知愉悦。

语义化的表层审美结构强调景观的认知功能，使景观传达更丰富的意义信息，提供传统形式美愉悦之外的认知愉悦。

本书所阐述的认知性表征的实例，意大利广场、筑波中心、雪铁龙公园都是属于语义传达的范畴，施瓦茨、芬莱、詹克斯等人的作品，都强调意义的传达。

目前我国建筑界一些关于语义的探讨，也属于这类活动。从此基点出发的表层审美结构，也能形成迥异于传统形式美之外的全新形式，从而形成突破。这也就是本书认知性表征部分研究的主要目的与主要内容。

图片索引

图 7 - 21 拓扑结构 / 网师园.朱光亚.中国古典园林的拓扑关系[J].建筑学报，1988（8）:33-35

图 7 - 22 拓扑结构 / 退思园.改绘自刘庭风.中国古园林之旅[M].北京:中国建筑工业出版社，2004：117

图 7 - 23 拓扑结构 / 文苑图.刘铧，杨永胜.中国传世名画[G].济南:济南出版社，2002.135，216

图 7 - 24 复杂化形 / 诺巴瑞斯中心公园

URBAN LANDSCAPE ARCHITECTURE LOFT PUBLICATIONS,AMERICA[M]. 2006:14 4

图 7 - 25 复杂化形 / 诺巴瑞斯中心公园

URBAN LANDSCAPE ARCHITECTURE LOFT PUBLICATIONS,AMERICA[M]. 2006:142

图 7 - 26 深层化境 / 儿童医疗园.（英）安德鲁威尔逊.现代最具影响力的园林设计师[M].昆明:云南科技出版社，2004：183

余论

景观美学

AESTHETICS OF LANDSCAPE ARCHITECTURE

从前述各章节我们可以看出，求美（即审美活动，具体表现为审美性表征）侧重于形式的感知；而求真（即认知活动，具体表现为认知性表征）则侧重于内容的理解。由于任何景观作品都是一个形式与内容相统一的复合结构，这种先天的统一性使景观作品经常呈现出真与美的复合状态（对于景观所属的大设计领域而言，其实也还包括善的复合），也导致景观创作中认知性表征与审美性表征的复合状态，两者的区别与联系也就建立在这种复合状态之上。正是这种复合，导致人们对于真与美的混同。在此应用比较研究的方法，通过对审美性表征与认知性表征的重点研讨，展开求真与求美关系的系统阐释。

一、求真与求美的比较

1. 本体性质比较

景观的认知性表征属于符号表征，其本体是符号，而景观的审美性表征则属于结构性表征，其本体是结构（即审美结构）。符号与结构是两种性质不同的存在状态与功能实体。

（1）符号具有认知性，引导人们关注其背后的内涵，如景观中古罗马柱式的古典文化内涵、风水塔的吉祥语义，都属于符号性内涵。而结构具有表现性，可成为直观体验的对象，引人注意其自身的形态之上，而非其背后的其他内容，如梅之曲、畸、疏、斜的形态结构给人的遒劲坚韧之感就是结构自身的表现性使然。

（2）符号只是传达过程中的手段，符号与意义可以分离，一旦其意义传达出来，它也就完成了任务，可被舍弃，即"见月忽指、得意忘形"、"到岸舍筏，得鱼忘筌"。如"樱花"，其品类属性表达出瞬间之美的生命观念，其具体的形态就可以忽略。

结构则是本体性存在，具有自足性，不可更改，不可舍弃，其特征及其构成的"特征图式"，是同构契合机制生发的必要基础，如若留园的冠云峰没有了自身独特的形态结构，它也就无异于任何一块普通的石头，欣赏也就无从谈起。所以，美在于结构自身，没有其他可以分离的信息。

（3）由于认知性表征与审美性表征的符号与结构的本质区别，因而导致了两者在机制、内涵、目的等方面的不同之别。

（4）在许多艺术研究中，往往都把结构与符号混同，最流行的当属"符号传达论"，把艺术活动视为"符号传达"，尤其以苏珊·朗格为代表。对符号与结构的论争是非常重要的课题，在《艺术与不可言传性：苏珊·朗格牛津学派美学》一文中，哈堡认为，朗格既重视艺术的情感特征，又称之为符号，是自相矛盾的。因为符号与结构是两种不同性质的存在，这也是两种景观表征最本质的区别。

2. 活动性质比较

两类表征引发不同性质的人类活动。一种是认知性表征引发的符号认知活动，另一种是审美性表征引发的审美表现活动。

认知性表征属于认识论范畴，其所传达的意义，表征的方式及目的是"求真"而非"求美"，信息真伪是核心，形式美丑并不重要（本书唯真篇重点讲的就是唯真无美），因而不属于审美范畴。两者经常被混同一处，作为同类的审美活动来处理，是因为文艺理论界历来以认识论为基础造成的，认为审美性表征只不过是一种特殊类型的符号（朗格）；传达一种不确定的意义（贝尔）。这既是对审美活动与认识活动的理论混淆，也是造成景观创作中不加区分的根源。

景观中，体会"仁者乐山、智者乐水"之意，属于概念的认识，而与具体的、个别的、形象的山、水无关，只要是山水即可（无论黄山、泰山、东海、太湖），依靠的是概念联想、思维活动去认知，因而不属于审美活动。

就一个具体景观的"形象表征"而言，表征的意义与形象不可或缺，存在着对意义的认知与对形象的审美两种可能，侧重哪种活动类型，取决于欣赏主体的选择。这种选择有时是无意识的，或是习惯性的，或是交替性的，即一瞬间关注意义认知，下一瞬间又转化为关注形态审美。作为常人，这种混合式的活动方式是正常状态，但作为专业研究，就必须能够进行清晰的区分。

在景观设计中，我们若要传达意义，就要采用认知性表征的方法。若要表现某种意味或意蕴，则应采用审美性表征。应该注意的是，在认知性表征中，符号形象的优劣也会影响主体的评价。景观包含的意义强、但形象差的作品会被认为是一种幼稚的"图解"。在审美性表征中，也要注意对意义的关照。要照顾到世俗大众的解读性的审美方式，在可能的情况下，采用多元冗余信息的方法，融入意义。

最重要的是，要尽快改变艺术的评价标准，使之从认知范畴回归于审美范畴，把人们观念中的认识论误解改变到审美表现论，这是景观美学与艺术创作的根本之路。

尽管两类表征在性质上有所区别，但从更大的人类活动范畴看，两者又都从属于人类的文化活动，比起景观的功能、生态、经济等方面而言，都是以传递信息（或情感）、引发人类精神活动、获得精神满足为目的，具有宏观层面的统一性。

3. 内在机制比较

认知性表征的内在机制是约定俗成与语境约定；而审美性表征的内在机制则是同构契合。

由于约定俗成与语境约定是在一定时间、空间内的文化圈中产生的，受其制约，认知性表征的意义也会随文化圈的消失而消失。

审美性表征中，只要其作品特征能够与人类普遍、根本的心灵图式产生同构契合，生成特征图式，那么其意蕴就会跨越时间与空间，被不同的主体感悟到，作品也就具有了永恒性。

认知性表征机制与审美性表征机制也存在着共同点。两种机制都是具象的客体形象与抽象主体内涵的联系机制。联系具象与抽象，联系形式与内容，是两种机制的共同价值所在。

4. 心理模态比较

认知性表征源于古人"万物有灵"、"万物交感"的心理模态。他们认为自然界中的万物皆有灵性，此即"万物有灵"；万物皆相互影响，此即"万物交感"。而人的活动如巫术、祭祀、祈愿、崇拜是与万物进行交流、沟通、相互作用的具体方式。他们把表征物当做真实世界中的事物，真诚地来解释、沟通神秘的未知世界，认为立一块刻有石敢当的石头便真能驱邪镇魔。

古人相信存在于现实世界之外的超自然力的是影响现实世界的背后的决定力量，它存在于现实背后，属于一个看不见的虚幻而又实存的神灵世界。列维·布留尔指出："看得见的实在世界和看不见的世界是统一的，在任何时刻里，看得见世界的事件都取决于看不见的力量"。[1]"万物有灵"、"万物交感"的心理模态尽管有时被认为是"迷信心理"，但它却始终存在着，依旧是民俗生活的重要心理基础，至今也是现代人的深层心理状态之一。可以说认知性表征原本是、至今仍然是传递人与万物信息的重要方法。

审美性表征的心理基础是"心灵图式"，是潜藏在人类心理结构深处的情感原型，它所蕴涵的情感体验的意蕴，在具体的艺术体验活动中被激唤出来，使人获得审美愉悦。表征物不再仅是被用来传达主体的愿望和观念，而是通达主体心灵深处，与主体无意识的情感、意绪沟通，成为主体情感寓寄的对象。人们感知到自我意识的存在价值，主体心灵深处的感悟与体验总有要表现出来的渴望，审美性表征就是这

---

1 列维·布留尔. 原始思维[M]. 北京：商务印书馆，1981：418

种感悟与体验的载体，使之浮现、外化，得以观照和体认。例如，对"梅"这一形象的运用，在认知性表征中，只要有此形象即可满足指代君子的要求，不必论其美丑；而在审美形象塑造中，人们都要其或遒劲，或清秀，这实质上是主体心灵中对气韵生动的感验寄托于此，并在对这形与神的欣赏中观照自我。

这种"心灵图式"在人类的发展进程是不断建构与积淀的，它关系的不是形象内涵背后的另外世界，而是形象的外在形式特征与人的情感体验的对应结构，因而景观形式就成为人们关注的主要内容。

人的心理活动并非总是理性的树形结构，而是呈现出交替变换、复合的状态。同一人的欣赏心理也会经常互相变换，相互影响。两类表征尽管有着明显的心理区别，但两者都是建立在人类的心理基础之上，共同具有鲜明的精神活动属性。

5. 演用过程比较

两种表征在运用发展过程中，最早都是初民自发性的运用，而非自觉。

原始崇拜的观念使远古的灵台、灵沼、苑囿、动植物等具有了特殊意义。随之几千年来，人们开始自觉地运用认知性表征，使用景观中的方位、数字、色彩来表达意义。从山水石之"仁、智"意义，"一池三山"的"仙界"意义，到"梅兰竹菊"之君子意义等，人们形成了一系列系统化、规范化的景观认知性表征方法，充分表达了个人、群体、社会的当时的意义倾向。西方也是由原始崇拜、神话传说、宗教教义及社会约定较早地形成了认知性符号体系。如花园的天堂意义、常春藤的永生意义。

审美性表征，一直处于凭直觉进行的不自觉状态。在中国景观创作中，直至魏晋南北朝才奠定了一些基本规则。但其创作方法并不系统，相关论述只散见于各种诗文、笔记中。至于山水诗、山水画理论出现之后，人们才开始较为自觉地运用它，但是系统理论只在近现代哲学、心理学、人类学、文艺学理论研究成果蓬勃涌现之后，才有可能形成。两种表征从最初的混同到后来的明晰分别，两者一直并行不悖的共同发展着，共同被广泛地运用于各种时代、文化环境，始终处于难分彼此的共生状态。

6. 表征目的比较

认知性表征的目的，在景观（尤其传统园林）中较多地集中在人们的功利目的方面。如用来强化等级秩序，或祈求赐福，加官晋爵；或宣扬伦理道德；或为沟通天地，以求长久。这些表征较多的从功利出发，以求得因果回报为目的。在近现代的景观中，认知性表征多用于表述作者个人的一己观念或思想，以信息沟通或自我表达为目的。

审美性表征则超越了认知性表征的功利性，成为一种审美活动，人们通过景观的创作与体验来获得身心的愉悦或情感体验。在摆脱了功利目的后，它演变成埃德蒙·威尔逊在《象征主义》中所说的"一种运用经过缜密思考过的手段——即以瞬间的不明确的甚至是神秘的象征作为感知世界的方式，把探求内心的'最高真实'作为目的——来传达独特的个人情感的尝试"。这种情感体验与人的生存没有利益、功利的关系，因而是一种形式表现活动。

林兴宅认为，审美性表征"使艺术飞越时间和空间，引渡人类走向永恒和无限，走向澄澈空明的彼岸。艺术是人的超越之梦，憧憬之邦，是灵魂的避难所，精神的家园，是人的解放之途，生命之光，是人的存在的最高境界。艺术的目的就是生命自身的目的，人类追求艺术，就是追求自身生命的价值，追求人性的升华和完善。" ❷

人们在退思园中体验无尽生机与宇宙韵律，在青山绿水庭中体验生命跃动。这些体验人的具体现实生存没有功利关系，却能使人摆脱现实束缚，实现精神的自由，所以黑格尔说："审美带有令人解放的性质。" ❸ 卡西尔也说："审美作为一个整体的人类文化，可以被称作人们不断地解放自身的历程。" ❹ 所以说，艺术的境界是人类追求的终极价值目标，审美活动体现了人类劳动的自由本质。"心游万仞"、"与万化冥合"、"鸢飞鱼跃"、"水流云在"，景观中所能提供的种种体验正是人类从艺术中得以超越现实，达至自由王国的具体体现，也是景观作为艺术存在的真正目的。

从更广义的角度考察，与景观功能、技术、生态等目的相比，无论是认知性表征的功利目的还是审美性表征的审美目的，在为了达到一种更适于人类精神象征性生存的大目标下，两者是一致的。

2 林兴宅. 象征论文艺学导论[M]. 北京：人民文学出版社，1993：207
3 林兴宅. 象征论文艺学导论[M]. 北京：人民文学出版社，1993：206
4 林兴宅. 象征论文艺学导论[M]. 北京：人民文学出版社，1993：206

7. 内涵趋向比较

认知性表征表达的多是明确的观念与意义，如方位表达的等级观，风水表达的吉祥观，方圆形式表达的宇宙观等。其目的是进行观念的交流，导致的是主体对客体的认知活动。

审美性表征则注重主体内在的情感与体验，追求表现人生情景，表达主体对世界的感悟，其意蕴指向主观情感、生活哲理，以及对人类生存状态的领悟和潜在心理的揭示。

认知性表征的意义范围是狭窄的，内涵是明确、稳定的。其具体意义可由形象确指——"看上去是"。如人们见到十字架，便知其明言基督教之义。

审美性表征的意蕴范围则是宽泛的，内涵是不定、多解的，随语境而变化。这种意蕴可由形式的幻象去感受——"看上去像"。例如，人们在十三陵的山陵环境中，能够感受到周围的山峦仿佛都充满灵气，仿佛祖先的神灵就永生在这永恒的山岳之中，但这种感受又是朦胧而模糊，只可意会，难以言传。

认知性表征的意义是由形式指定的，如"瓶"就是指代"平安"的意思。

审美性表征的意蕴则是主体赋予的。形式激发、唤起主体的情感体验，生成形象的意蕴。例如，赤壁本身并无明确的语义，它的内涵是主体被激发的各种感怀，如苏轼的《赤壁怀古》，是审美主体积极参与到作品建构中使之获得意蕴。

审美性表征与认知性表征的内涵虽然不同，但会相互转化，审美性表征的内涵会积淀为认知性表征的内涵；认知性表征的内涵也会成为激唤审美性表征的发端。

8. 取象特征比较

景观中认知性表征更多地注重表征物的内在属性特征，表征物往往取象于自然界或人类社会中某一物体、现象或抽象形式，如植物、动物、山川、日月、人物、器物、数字、方圆等，往往是直接取用，不求个体特征只求类型特征。如：只要是龟，便可喻为长寿；只要是荷花，便可代表君子。其取象侧重于向外寻求直接的客观的对应物象，将主观理念尽可能物象化。

景观中审美性表征则侧重于表征物的形式特征，往往将外在世界收摄到内心，并对其形象加以选择、夸张、变形甚或畸化，使之主观化、体验化、抽象化、特征化。如择石要漏、透、瘦、皱；选梅要曲、畸、疏、斜；峰峦要秀而奇异；小路要曲而悠长。在这种对形象的选取、塑造中，主体潜意识中便隐含着表现性的取象原则，这实质是一种物象类型属性与具体审美形式、从认知到审美的转化。例如，摄影是最典型的再现艺术，但通过焦点的选择，角度的定位，光影的调配，暗房技术的处理，它所再现的实物已经变成艺术家主观意绪要表现的艺术形象。

景观表征的两类取象，也必然存在着联系，它们都是以客观世界的事物为依托，都是自然的山、水、草、木与人工的建筑、雕塑等元素。所以两者从取向对象上是一致的。

9. 应用价值比较

审美性表征作品由于包蕴了人类普遍的心灵图式，所以它能够跨越时间与空间，为不同地域、不同时代的主体所理解与欣赏，因而具有永恒的艺术魅力。同时，由于审美性表征作品内涵的朦胧与宽泛，具有很强的召唤力，可以吸引主体积极地参与到作品的建构中，使主体与客体紧密贴合，主体心灵深处的情感与体验得以充分的表现与观照，因而变幻不定，耐人寻味，又具有极大的感染力与震撼力。因此，审美性表征是高层次的表征方式，是景观设计的优秀传统，对现代景观创作具有很大的指导意义。

从严格的艺术欣赏的角度，认知性表征层次较低，如果没有审美性表征的辅助，就会成为一种庸俗的图解。如果我们把对作品的理解还停留在认知性表征层次，那么作品就容易流于浅白、平直，容易限制读者的发挥，难以激发主体内在的情感和意蕴，因而感染力很有限；同时，认知性表征囿于文化圈的限制，难以突破时间、空间的隔阂，难以得到长久、广泛的认同。

但认知性表征依然有自己的价值。作为意义传达的方法，它是审美性表征无法取代的，它也以作品的意义和趣味增加了欣赏层次；另一方面，认知性表征如果完成了向审美性表征的转化，就有了质的飞跃，也就更具有了审美价值。从这一点看，认知性表征使原本缺乏表现力的形象具有了表现力，也就大大拓展了审美性表征的取象来源，丰富了作品的表现手段。同时，认知性表征虽然会局限某些读者的想象，令其不足，而对另一些读者来说，却能使作品中难以把握、体悟的朦胧、模糊的意蕴容易被感知。这样便照顾了各层次读者的不同欣赏水平。

二、求真与求美的统合

尽管两种表征存在着种种明确的区别，但同时也存在着密切的联系，最突出的是两者都最终依存于同一客观主体——景观物象，因而两者天生地呈现为一种共存共生的统合状态。例如天坛，人们一方面可以从"天圆地方"的形式中认知"天"的意义；另一方面可以由广阔的柏林、长长的路径、高高的丹陛桥、空无一物的圜丘等来感受"天"的神圣与威严。

所以，理想的表征方式是应用统合的方法，使二者有机结合，构成一个多向度、多层次的表征复合体，创造出雅俗共赏的艺术作品——这也是古典园林的优秀传统，应该对现代景观创作有所启发。

统合表现为分立性的复合与同一性的转化两种类型。在复合状态下，二者各自保持本质独立，呈现分立性，只是复合在一起。在转化状态下，二者本质向对方转化，呈现出同一性，已经化合在一起。

1. 表征复合

（1）复合的必然性。两类表征的存在状态是一种自然、必然的复合状态，因为任何一个景观物象都是形式与内容的统一体。如松树，在景观中，其内涵象征"岁寒三友"，呈现为认知性表征；其苍劲雄浑的外在形式引发人们产生万丈豪情，此时"松"又呈现为审美性表征。

对于景观而言，这种复合形态是较多的。如何进行区分呢？这取决于人们的审美态度。如果人们关注的是具象形象所承载的意义，"看上去是什么"，则这个形象引发的是符号认知活动，起到的是符号的作用。则这一层面为认知性表征。如"梅"承载着"凌霜傲雪"的意义，而不论其种类与姿态的差别，人们认知的是"梅"的"普遍"意义。

如果人们关注的是具象形象的外在形式，"看上去像什么"，则这个形象所引发的是审美性表征活动，是艺术审美的活动，如一株梅树，人们关注的是它呈现出枝干的虬须，还是花朵的艳美，引发的是人们的感叹或是欣赏，这种由外在形式引发的情感活动即审美性表征。

两类表征的复合状态带来的是复合应用，就是景观设计中不可回避的必然问题。复合应用的不合理则会互相掣肘，互相干扰，在某些场合，需要将复合结构尽量单一化、单纯化，以达到相应的设计目的。复合应用合理则会共同发挥作用，互为补充，相得益彰。在大多数情况下，两者的复合应用恰是有意为之的。如中国园林一池三山，既是认知性表征需要，也是审美性表征需要，两者共建出一个完整、多层次、多内涵的景观表征复合结构。

（2）复合的特点。二元性。复合应用的优点是同一景观物象同时具有了认知信息与审美信息两个层面；可以同时引发认知活动与审美活动；更重要的是兼顾了不同需求读者的欣赏目的与欣赏能力，即雅俗共赏，因而广受欢迎。许多优秀作品，都采用了复合表征，这就是后现代主义所主张的二元论思想。如肯尼迪纪念碑，表达了对肯尼迪的纪念，又用景观环境塑造出感人的艺术氛围，引人生发出对于生命意识的深思。

矛盾性。复合应用的难点是如果处理不当，两者会互相矛盾，或顾此失彼，或非此非彼，或两败俱伤。

如果认知性表征压制审美性表征，会使景观形象丧失审美价值。如狮子林，其认知性表征的语义内涵阻碍了审美性表征意蕴的展现。传统园林本以表现宇宙生机与生命和谐运迈为要，山、石、水、木皆以此立足。但狮子林却一再强调其中狮子的象征意义，结果群狮林立，意义明了，而园之兴味俱失，两种表征互不相让，相互损害，不伦不类，成为败笔。同样，故宫御花园、慈宁宫花园，强调了皇权、等级、中轴线，却使景观僵死、乏味。

野口勇的大理石庭院，为了表达太阳、地球等，而堆成的几处分离的石块，从审美性表征的角度是不成功的。

相反，忽视了认知性表征，审美性表征又容易晦涩、艰深、曲高和寡，从公众理解的角度上产生难度，如极简主义景观作品。

（3）复合的类型。两种表征并存于同一表征体中，需要明确主从关系，突出其中一种表征方式而弱化另一种方式，避免冲突出现。如果注意处理好主从关系，就容易使两者和谐共存，成为一个良好的复合结构。

一种是以认知性表征为主，以审美性表征为辅。对于需要强烈表达意义的场合，选择以认知性表征手法为主，审美性表征手法为辅是必要的。

以苏中七战七捷纪念碑为例（详见4.6.2）。这个作品以语义传达为主要目的，以认知性表征为主要表现方法，所有的元素都由表征需要出发，形成刺刀、纸、洞孔等象征形象，传达"前哨战"、"像一把刺刀插入敌人心脏"、"战斗的一页"等意义。可以看到，运用认知性表征可以直接、准确、明白地传达作者的观念、意图，作品意义明确、直观、易懂。

纪念碑重点是对语义信息进行有效组织，在此基础上，也考虑了纪念碑的审美形象，如高度、比例、位置、形态。该作品的27米主雕"天下第一刺刀"就是以高耸挺拔的特征给人以某种锐不可当的审美感受，形成了足够的艺术冲击力。这样，作品形成了以认知性表征为核心的，以语义传达为目的的兼顾审美性表征的艺术处理，达到一定的审美水准。

另一种是以审美性表征为主，以认知性表征为辅。对于表现意蕴的场合，突出审美性表征而弱化认知性表征则更有利于突出审美价值，这种复合结构较为多见，尤其是以艺术价值为目的的景观作品中。

以拙政园为例。园中以山池草木构建了一个生机盎然、时空运迈、万物和谐的生命图景，这是其主要的艺术目的价值所在，园之经营莫不以此为核心，空间架构，景物形态，皆从审美性表征出发，形成整体的主导艺术形象。在园中的次要部位，如窗、铺地、楹联、树种等处，则注入了隐逸、吉祥等认知性表征的语义信息，两种表征在此和谐统一，互不干扰，成为一种中国传统艺术的范式典型。

在审美需求极高的特定场合，可以尽可能地单一化、单纯化，以免相互影响。如表现自然神秘的泰纳喷泉，简单、无意义的石头、雾气表现出那种神秘、复杂、多变的气氛。其中的石头如果加工成具有认知性意义的十二生肖形象或罗马女郎柱的雕像，则其意味皆失。

2.表征转化

（1）审美转化为认知。审美性表征转化为认知性表征，主要是积淀机制的作用。审美性表征在长期使用中，经由历史承传积淀，其蕴涵的审美意蕴由潜在状态逐渐被揭示、确定为显在状态；由朦胧、宽泛转变为明确、单一；转变为人们普遍认同的明确意义。人们不需要作深层的挖掘就能认知形象的意义，这样，审美性表征就转化为认知性表征。

在这种转化过程中，本来具有审美性表征可能的形象，与其他形象一起，在社会、文化、发展进程中，被约定俗成机制所选用，所规定，被赋予明确的语义内涵。最典型的是风水理论。风水是一门与环境美学关系密切的理论，有很高的艺术指导价值。但因其神秘的吉凶观念，风水中环境的表现性内涵被认知性语义所掩盖。

在具体的景观欣赏中，读者有时基于个人的视角，将审美性表征作品进行认知性阐释。如悉尼歌剧院、朗香教堂，以及中国传统园林，实际上是属于表现性作品，但往往人们"习惯"于将之进行认知性阐释。

这种转化，其优点是让人们在模糊、朦胧的意蕴中容易把握住一个具体清晰的意义，既方便理解，也方便创作。其缺点在于，由于这种意义上的明确，使得作品原本宽泛、丰富、深刻的意蕴受到局限，主体缺乏发挥的自由，从而作品失去本应有的韵味与感染力，流于肤浅、狭隘、苍白。

（2）认知转化为审美。认知性表征转化为审美性表征，存在还原与引发两种情况。第一类是还原型转化。对于从审美性表征转化来的认知性表征来说，这是一个"还原"过程。"还原"的方法主要有三种："解约"、"破约"、"隐约"。

"解约"。在时间上，今人看古人的认知性表征，若非专业人员很难读懂，对读者产生影响的是作品自身的表现力；在空间上，因为存在有文化隔阂。这两种情况下，约定俗成机制失效，景观形式与相关意义"解约"，形式自身的表现力得到解放。

"破约"。即在约定俗成机制尚未失效时，读者依靠自身修养，发挥想象，突破认知语义的束缚与干扰，去寻找、领悟作品的审美性表征内涵。读者可能会沿着认知语义的指向发挥，也可能从形象自身出发，独立地感悟。

"隐约"。对于属于个人约定的作品，作者在创作时个人赋予了认知内容，但未把约定方法告知读者，读者就无法认知其意义而只能体悟作品的表现性意蕴；只有经由作者或知情者的"解说"、"破译"，方可理解本义。这种"隐约"在现代艺术作品中较多地出现，对于传统认知性作品而言，前述的"解约"可以认为是在更大时空范围内自然而非个人的"隐约"。如上海豫园，将快楼构筑在层层叠石之上，名为抱云岩，寓石为云，表达"天上宫阙"之义。对于不知此典故者，便难以确指其义，而转向对叠石、建筑的形式欣赏。

第二类是引发型转化。对于抽象的认知性表征形象，如数字、方位等形象所喻指的内容，读者以此内容为起点，在内容的指向作用下，充分发挥联想，从而产生丰富的"象外之象"，作品便具有了一定程度的表现性。同时，对于具有表现力作品来说，其认知内容也会拓展读者思路，使之向多个方向发挥想象力，从而也就丰富了作品意蕴。从这一意义上说，认知性表征起到"发端"、"中介"、"比兴"的作用，通过"象外之象"，将形象与毫无关系的审美性表征联系起来，并成为审美性表征的起点。如人们看到故宫门钉，其数目为九，乃"帝王之数"，思路就可能由此拓展开去，联想到帝王的权威、功业、形象；或想到其反面，由"帝王之尊贵"想到"平民之卑微"，以及历史沿革，千秋功过……

并由此生成意蕴。这些联想产生的丰富意蕴，却源自一个毫无关系的数字，这一过程的"中介"、联想的"发端"，就是认知性表征，没有它所赋予的语义，也就没有了审美性表征的起点。这种转化，实质上也是一种"破约"，是读者的想象力完成了这种转化。与前面的第一种"破约"一样，作品在这两种表征之间转化的过程中，呈现出的是一种"认知——表现"的复合状态。

三、景观美学研究的思考与展望

本书对景观意义生成与传达研究，初步形成了认知论；对景观层次结构研究，初步形成了审美论。在此基础上，提出了系统化的创作原则与方法，形成了景观表征方法论。但本书只是起步性的探索，还称不上完善的体系，称为景观美学导论似乎更为贴切。还需要以现代哲学、美学、心理学、人类学、文化学等研究成果为科学基础继续研究，才能够更全面、系统、科学的阐释景观的美学问题。

通过对于景观美学体系的理论、结构、机制等方面进行的研究，本书对于景观美学研究形成如下思考与展望，与同道商榷。

1. 哲学基础转换是景观美学的研究前提

传统的景观美学研究，建立在辩证唯物主义认识论哲学基础上，导致认知与审美活动的混淆，许多美学难题由此而生。象征论文艺学理论认为审美活动应该建立在历史唯物主义的实践论的哲学基础上。

哲学基础的转换，使得美学难题有望解决。在实践论基础上的美学研究，可以揭示景观中的认知活动与审美活动的机制与结构，可以阐释传统景观美学理论难以解决的景观美学问题，可以澄清景观美学理论中的认识误区，可以为景观美学研究与发展提出了新思维、新视角与新途径。因而，从实践论哲学基础开始研究是景观美学发展的重要前提。

2. 审美结构体系是景观美学的重要内容

景观具有表层审美结构、中层审美结构、深层审美结构，构成了审美结构体系，也相应创造三种美感形态——形式美、意境美、意蕴美。我们以前所关注的形式美、意境美，只是表层审美结构、中层审美结构的独立美感形态而非其终极审美目的。

表层形式美是广为接受的美感形态。但局限于这一层次的结果就是流于形式而缺少内涵。对于景观中层的意境美，人们感受颇深又觉得神秘莫测。景观的意境美实质上就是审美幻相带给人的精神愉悦。意蕴美是景观作品的高级美感形态，深层审美结构——特征图式作为景观审美结构的终极层次，是激唤审美对象生发意蕴、感受意蕴美的价值本源。

表层审美结构、中层审美结构都是为了建构深层审美结构而逐层存在的。深层审美结构是景观作品超越具体时代、地域、具体形象，指向人类普遍价值而得以伟大与永恒的根本原因。相应的，景观创作的美学原则，就不是以往的传统形式美原则，而是在深层审美结构要求下的特征原则。

在审美结构体系视角下，通过对三层审美结构系统分析与实例论证，可以解决景观意蕴的生成问题，以及三层美感形态的相互关系问题。可以揭示景观的表层、中层、深层三层审美结构与相应的美感形态——形式美、意境美、意蕴美；可以阐释审美结构与美感形态的生成机制、审美机制；可以提出相应的创作原则与方法。因此，如果对与审美结构体系给予足够的研究，将会对于当前景观美学研究起到重要的推动作用。

3. 求真与求美是景观创作的重要内容

景观创作要使作品具有灵魂，就要在景观创作中传达意义和表现意蕴。

景观意义体现了人与社会、自然、他人、自己的种种复杂交错的文化关系、历史关系、心理关系、时间关系。对景观意义的探寻与阐释是人类的本性需求，它实际上是人类认识自己、认识世界活动的最主要方面，因而意义认知是景观创作活动中最基本的内容之一。

景观意蕴是作品所隐喻和暗示的精神内涵。主体在感知景观意蕴的同时，自身的内涵便成为可供直观体验的对象，由此获得了象征性的精神满足，即满足了主体生命对象化的需求，心灵深处的生命感、宇宙感、历史感等皆得以象征性的表现，因而获得深层的审美愉悦，这才是景观审美的目的和本质内容。因而意蕴审美也是景观活动中最基本的内容之一。

景观中的认知与审美，在本体性质、活动性质、运用过程、表征机制、心理模态等诸多方面存在着差别。意义传达，应该属于符号认知范畴，而不是传统艺术反映论所认为的审美范畴。目前从景观的意义角度进行的研究，如景观语言、景观意义、景观符号及本书所述的景观认知性表征，都属于认知范畴的活动，而不是审美范畴的研究。

景观中的意义传达与意蕴表现是景观活动中最基本的内容，如果给予充分的重视与研究，将对景观创作实践具有重要的指导与推动作用。

4. 审美性表征是景观审美创作的重要方法

审美性表征，通过同构契合机制建立深层审美结构，可以使景观特征与审美主体内在的心灵图式联系起来，使景观激唤出审美主体的深邃、无尽的意蕴，给人以心灵的感动和震撼。这是景观审美创作的根本目标。同时，可以建立中层审美结构，通过象征性的生存意境给人以精神的自由与愉悦；还可以建立表层审美结构，通过形式的格式塔给人以感知的快乐。所以审美性表征是景观审美创作的重要方法。

如果在审美结构体系视角下，对于创作目标、创作程序、创作原则（特征原则、写意原则、完形原则）、特征系统、意象系统、表象系统的建构进行深入具体的研究，审美性表征创作方法就可以系统地建立起来。

5. 认知性表征是景观认知创作的重要方法

认知性表征，通过约定俗成、语境约定等机制，使景观形象与意义联系起来，可以突破本体意义局限，使景观具有深刻、丰富的意义与内涵，充分满足人类活动中对意义表达与探求的需要。所以认知性表征是景观认知创作的重要方法。

传统景观的大量实践为我们提供了丰厚的积淀，只是传统景观设计理论对此只是局限于手法的承传和经验的总结，缺少必要的理论阐释。如果对景观认知性表征的意义概念、意义生成机制、意义传达机制、题材类型、作品类型与表征方式能够进行系统阐释，就可以澄清对于景观意义传达与认知活动的模糊认识，可以揭示其活动机制，可以提出相应的创作原则，认知性表征创作方法也可以很快成熟起来。

　　本书关于景观美学的研究还仅限于理论、结构、机制的整体性分析与阐述，尚存在许多方面的工作需要今后继续努力：如对于景观各层审美结构各自的内在规律及相互关系的深入研究，形成更为细分的子系统体系，使景观表征整体理论更为完善；对于景观表征创作方法的进一步探讨与挖掘，为景观设计实践提供具体可行的操作手段；对于中外景观表征的比较研究，将对于全球化趋势下的景观文化的多元性、地域性、差异性探索产生积极影响等。限于作者的学识与精力，本书的研究工作尚且粗浅，仅仅是对景观美学理论研究的初步探索，希望得到广大学者、读者的教正；同时也希望能引起更多同道对于景观理论研究的关注与热情，以推动景观学科不断发展。

注：本书思想得益于诸多学者的成果，索引若有未尽之处，还望谅解。